U0270421

人与机器人

创造机器人的
终极目标
是什么？

HALLO ROBOT:

De Machine als

Medemens

[荷]本尼·莫尔斯

[荷]尼斯克·韦尔贡斯特 / 著

严笑 / 译

贵州出版集团
贵州人民出版社

著作权合同登记号 图字：22-2023-050 号

图书在版编目（CIP）数据

人与机器人 /（荷）本尼·莫尔斯，（荷）尼斯克·韦尔贡斯特著；严笑译. – 贵阳：贵州人民出版社，2024.1（2024.7 重印）
书名原文：HALLO ROBOT：De Machine Als Medemens
ISBN 978-7-221-17875-6

Ⅰ.①人… Ⅱ.①本… ②尼… ③严… Ⅲ.①机器人 – 普及读物 Ⅳ.① TP242-49

中国国家版本馆 CIP 数据核字 (2023) 第 166682 号

REN YU JIQIREN
人与机器人
[荷] 本尼·莫尔斯 [荷] 尼斯克·韦尔贡斯特 著
严笑 译

| 选题策划 | 轻读文库 | 出 版 人 | 朱文迅 |
| 责任编辑 | 黄 伟 | 特约编辑 | 刘小旋 |

出 版	贵州出版集团 贵州人民出版社
地 址	贵州省贵阳市观山湖区会展东路 SOHO 办公区 A 座
发 行	轻读文化传媒（北京）有限公司
印 刷	北京雅图新世纪印刷科技有限公司
版 次	2024 年 1 月第 1 版
印 次	2024 年 7 月第 2 次印刷
开 本	730 毫米 ×940 毫米 1/32
印 张	8.25
字 数	152 千字
书 号	ISBN 978-7-221-17875-6
定 价	38.00 元

关注轻读

客服咨询

目录 INHOUDSOPGAVE

03 机器人大脑如何工作

04 向人类伸出援手

05 学习与人交谈

06 机器人有情感了

欢迎来到机器人未来
WAT IS EEN
ROBOT

机器人是一种能够
感知、思考、行动的机器

身为科技记者，我们曾被很多人问过，机器人到底是什么？会说话的电脑是机器人吗？无人驾驶汽车是机器人吗？智能洗衣机呢？"机械战警"（RoboCop）是人还是机器人，还是两者兼而有之？最简单的解释是，机器人是一种能够感知、思考、行动的机器。

机器人观察周围环境使用的是传感器；通常是能感知图像、声音、触摸的传感器，但有时也能感知味道。例如，一个扫地机器人知道什么时候会撞到墙，伴侣机器人能倾听你说话。一些传感器还可以接收人类无法感知的信号，比如红外线和超声波。

机器人通过电脑"思考"。在这里，我们需要花点时间来定义什么是"思考"。它指"机器人对通过传感器接收到的数字信息进行处理，并对未来将采取的行动进行规划"。计算机可以编程，机器人也一样。人工智能研究如何让计算机变"聪明"，也因此成为制造智能机器人的基础。

机器人的行动方式多种多样，它们可以用手臂抓取物体，或者通过行走、驾驶、航行或游泳来四处移动。机器人的行动通常需要物理接触，至少一定程度上是。"Robotisation"（机器人化）一词有时指由电脑完成任务，但这一过程更准确的名称是

"automation"（自动化）。在本书中，我们用"机器人"一词指代在物质世界中工作的实体机器人。一台智能电脑可以充当机器人的大脑，但它需要一个身体才能成为一个真正的机器人。虽然机器人可以自己行动，但并不都需要完全自主。从人类无法控制其行为的完全自主，到完全由人类控制的非自主，机器人的自主程度差异很大。

最有趣的机器人类型是那些人类完全不参与决策的机器人（即"在决策圈外"），比如扫地机器人，或者是可以与之交谈的类人机器人。

有些机器人可以半自主地行动：它们自主收集所有信息之后传递给人类，由人类做出最重要的决定，然后再由机器人执行这一决定。比如，在敌方领土上空飞行的无人机是由本土基地操控的。驾驶员实际上看不到无人机所在地的情况，只能依赖从无人机接收到的信息来控制它。在这种情况下，人类参与了决策过程，或者说"在决策圈上"。

有些机器人不能自己做决定，完全由人类控制，这些机器人也被称为"遥控机器人"。外科手术机器人就是人们熟悉的一种遥控机器人，由外科医生像控制智能仪器一样操作。但与无人机驾驶员不同的是，外科医生并不完全依赖机器人提供的信息，他有治疗病人的知识和经验，而机器人则依据编程来执行实际工作。对这类机器人来说，人类完全"在决策圈内"。

对机器人的期望
如波浪般起伏

自20世纪中叶机器人出现以来，我们对机器人的兴趣时起时伏。有时，我们会感觉已经处于"机器人浪潮的巅峰"，对其潜力的期待值极高。但当这些期待不能成为现实，我们会不可避免地失望，机器人也因此渐渐被遗忘。目前，我们又一次处在机器人浪潮的巅峰。现如今，人工智能领域发展惊人，由于人工智能很大程度上决定了机器人的"脑力"，机器人的能力也因此急剧提高。

一方面，这勾画出一个乌托邦式的愿景，机器人可以为人带来轻松的生活：可以接手我们所有的工作，前所未有地提高经济生产率，并帮助我们解决最紧迫的社会问题，包括能源、气候、环境、人口老龄化、医疗保健、社会流动等方面的问题。

但机器人的崛起也带来了令人恐惧的反乌托邦景象：机器人会抢走我们的工作，使医疗体系失去人情味，发动战争，最终将人类变成奴隶，或彻底消灭人类。

多年来我们一直研究机器人和人工智能，所以经常会被那些有关人类与机器人未来生活的乌托邦或反乌托邦幻想逗笑。对那些不是每天都跟机器人和人工智能打交道的人来说，要分辨这些针对机器人的讨论哪些是事实哪些是虚构，肯定十分困难。

所以我们决定去寻找真相。我们拜访了设计、制造机器人的科学家和工程师、研究人类与机器人互动的心理学家以及研究自动化如何影响劳动力市场的经济学家。我们向每天都在使用机器人的专业人士征询意见，还同非专业领域人士交谈，包括一位机器人业余爱好者，以及一位对机器人着迷的喜剧演员。

透过他们的故事，我们希望了解机器人如何工作，能做什么，还不能做什么，在不久的将来我们可以期待些什么，以及如何用机器人把我们的生活变得更加美好。

欢迎荣誉人类公民
——机器人

机器人和它们的原始祖先已经让人类着迷了数千年，它们以各种方式出现在我们的文化中。甚至在第一个真正的机器人——能够感知、思考、行动的机器——制造出来之前，工匠就已经在制造主要用于娱乐的机器人和机械娃娃了。机器人也出现在视觉艺术和游戏中，作为主角或喜剧性调剂出现在科幻书籍和电影中。这些文化表达伴随我们成长，很大程度上决定了我们对机器人的想象，所以本书也讲到了这类虚构的机器人。

写这本书，部分原因在于我们喜欢机器人。我们收集机器人，接触它们，讨论它们，思考它们。机器人将我们对技术、科学、哲学的热情结合到了一起。

一方面，机器人是科技的奇迹，由人类亲手制作。你可以自己组装，自己控制，自己拆卸。另一方面，机器人在现实生活中也扮演着科学模型的角色。科学家可以利用机器人来研究如何复制人类智能，如何建造能够繁殖和进化的机器，所以从这个意义上说，机器人就是对生命的模拟。

机器人高度仿生的行为，引发出了人类存在的一些基本问题：生命是什么？意识是什么？创造力是如何发挥作用的？独立行动意味着什么？机器人不仅是科技的表现，更是我们反观人性的一面哲学之镜。

今天世界上有多少机器人？我们与1000万到1500万工作机器人共享地球，而且这一数字还在快速增长。目前，世界上机器人的数量已经相当于比利时、葡萄牙或希腊等国的人口，并将很快超过荷兰的人口。

有一些机器人已经离开了地球，正代表人类探索我们的邻居——火星。从来没有人类踏足过火星，但探测机器人作为行星地质学家已经在那里工作了10年，甚至在那里找到了水存在的证据。

每个人迟早都要和机器人打交道，所以了解机器人能做什么、不能做什么、我们到底想从机器人那里得到什么，是很有益处的。这些机械生物已经替我们干了几十年枯燥、肮脏、危险的工作，而且在不久的将来我们就能和它们分享笑话，因此现在有这么一本普及读物，帮助读者更好地了解这些机械生物，可以说是正逢其时了。我们不能再把机器人仅仅当成工具，还要当成朋友和同事。

我们并不惧怕机器人，所以在这本书中，让我们欢迎它们，如同欢迎像我们一样的人。

本尼·莫尔斯

尼斯克·韦尔贡斯特

01

机器人简史：
从娃娃到人形机器人
ZO MENS, ZO ROBOT

历史上的人形机器

根据古老的传说，皮格马利翁制作了一尊美丽的女性象牙雕像，以至于他爱上了这件作品。女神阿佛洛狄忒把雕像变成了一个真正的女人，两人永远幸福地生活在一起。这个"永远"名副其实，因为皮格马利翁神话起源于希腊古典时期，在公元1世纪就由罗马诗人奥维德在作品中记录下来，流传至今。

1818年，玛丽·雪莱创作了一个名叫维克多·弗兰肯斯坦的人物。弗兰肯斯坦是一名科学家，自己创造出了一个怪物，然后用一种"神秘科学"赋予了它生命。

之后，同在19世纪，卡洛·科洛迪创作了老木匠杰佩托的故事。杰佩托得到了一块有灵性的木头，雕刻成了一个小男孩木偶：匹诺曹。由此看来，照着人类自身来塑造形象并不是新近的时尚，而是一种古老的传统，甚至可能与人类本身的历史一样古老。

创造"人类"或人性的这类活动，向我们提出了一个复杂的问题：是什么使我们成为人类？是我们的外貌吗？是我们的情绪吗？是我们的不完美吗——因为我们有伤疤？因为我们宁愿吃薯条而不吃球芽甘蓝？还是因为我们会在碰到困难的时候流泪？皮格马利翁的象牙雕像、弗兰肯斯坦的怪物和木偶男孩匹诺曹，它们的共同之处是人类外形和"生命火花"的结合——所谓的生命火花，就是指让没有生命的物体变得有了生命。而机器人技术可以使没有生命的躯体动起来，让前人的想象成为现实。

机械娃娃：
机器人的前身

模仿人类的机器人通常称为"类人"（humanoid，源自拉丁语的"男人、人"）或"人形机器人"（android，源自希腊语的"人"），这两个概念关系密切，但意义略有不同。类人机器人外形与人类接近，通常有两条腿、两只胳膊和一个脑袋，可以像人类一样行动，能直立行走，但不一定有人类的脸。人形机器人则可以说酷似人类，甚至连头发和皮肤都很逼真。

显然，我们喜欢按照自己的形象创造事物，但制造模仿人类的机器人也有许多实际用处。毕竟，我们周遭的环境在建设时考虑的是那些身高170厘米左右、有两条腿和两只胳膊的人，所以依此制造的机器人就可

★
一个机械仆人：19世纪，一个日本的机关人偶。
PHGCOM，维基共享资源

以按我们的视线高度来观察环境，通过听觉和触觉来感知事物。与人类的大小形态大致相同更便于它们高效地利用世界。

500多年前，远在人工智能和计算机发明之前，列奥纳多·达·芬奇就在一副盔甲中设计了一套齿轮和滑轮的复杂组合，创造了一名机械骑士。达·芬奇1485年的笔记描写得并不十分清楚，但机械骑士似乎能够坐下，站起，并挥动它的手臂。从17世纪到19世纪，日本工匠制作了各种各样的机械玩偶，被称为机关人偶，用来为客人端茶水或清酒。

第一个名义上的"人形机器人"出现在1863年，当时美国的J.S.布朗申请了一种人形机械娃娃的专利："致所有相关人士：众所周知，我，J.S.布朗，来自华盛顿哥伦比亚特区，发明了一种新型改良自动玩具，或者称之为人形机器人……"

娃娃的脚安装在齿轮上，两边并不对称，这样它就可以在走路时像人一样做出抬脚的动作。可惜，没有任何证据表明布朗真的制造出了这个"机器人"。

20世纪20年代，类人机器人迎来了它的第一波流行浪潮。例如，1928年，机器人埃里克（Eric）取代临时变卦的约克公爵，在伦敦正式主持了一场展览会开幕仪式。埃里克只会玩几个把戏：起立，鞠躬，演讲。要做到这些，它需要两名操作员，而且所谓演讲实际上是无线电广播。当埃里克的发明者被问及第二代机器人乔治（George）是如何运作的，他说："说出来您会失望的。无非就是些齿轮和曲柄，就像一块巨大的表。"

其实，这些发明应该说是机械娃娃，而不是类人机器人，但它们无疑是今天的机器人的前身。20世纪早期世界各地出现了几十款机器人，由此可见，让娃娃动起来的想法在当时显然是令人兴奋的。这些娃娃会走路、会挥手，甚至会做一些古怪的事情，比如开枪和抽烟。它们看起来无一例外都像是金属外壳的人形生物，其中一些甚至可以用近似人类的方式移动，但它们看起来一点也不像真人。

但今天的机器人看起来与一个世纪前第一个机器人的设计非常不同。第一批真正的机器人是20世纪六七十年代的自动化工业机器人，它们与人的形象没

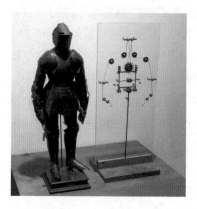

★
这是第一个类人机器人吗？列奥纳多·达·芬奇的机械骑士模型。
埃里克·穆勒，维基共享资源

有任何相似之处。也正是在这个时期，类人机器人和人形机器人的制造发展成了独立的领域。

能够工作的类人机器人进入了我们的时代

类人机器人的研究领域主要涉及运动技能与人类相似的机器人，例如会走路和会跳舞的机器人。日本本田汽车公司研发的类人机器人阿西莫（ASIMO），看起来像一个穿着太空服的12岁小孩。阿西莫没有脸，但能走路，做一些相对简单的动作。阿西莫最早出现在2000年，之后又更新了几个版本。阿西莫可以握手，当人们向它挥手时它也可以挥手回应，甚至还可以踢足球。它已经可以很好地走路，甚至可以上下楼梯，但它的行动姿态与人类还是有差别：走路时双腿总是间距很大，膝盖微微弯曲，就好像拉了裤子一样。

阿西莫之后，其他几个类似的机器人也制造了出来。美国国家航空航天局（NASA）研发了机器宇航员（Robonaut）和它的继任者瓦尔基里（Valkyrie），可以与人类一起在宇宙飞船上航行和工作。赋予机器人人类外形可以使它们能够很好地进入现有的航天器中，用我们的工具高效地工作。阿特拉斯（Atlas）也是如此，它是美国波士顿动力公司（Boston Dynamics）设计的一款类人机器人，能够使用手动

★
行走和挥手：本田的阿西莫可以
握手、上楼梯，甚至踢足球。
VANILLASE，维基共享资源

工具进出汽车。即使走在崎岖不平的地面上，或者遇到有人试图将它推倒，阿特拉斯也能保持平衡。

阿西莫、机器宇航员和阿特拉斯的设计更强调身体：它们可能有头，但没有脸。机器人iCub是欧洲研究项目的一部分。它的外表更接近人类，大小和蹒跚学步的孩子差不多，有机器人的身体和卡通形象的头。机器人通过转动眼睛、让嘴巴和眉毛发光来展示面部表情。

看到这些机器时，你可以确定自己看到的是一个机器人，而非人类。但如果你只是朝它们瞥一眼，你会发现它们的动作真的和人非常接近。例如，它们注视物体的方式、走路的方式、保持平衡的方式。机器人专家盖伊·霍夫曼表示，要想让机器人看起来像人类，比起让它拥有一张人类的脸，让它像人类一样动起来更重要。如果给这些机器人戴上面具，再打扮一番，它们看起来应该跟人类很像吧？

下一步：
长得像你的人形机器人

如果你真的想制造一个和人类看起来一模一样的机器人，那你可以放弃了。毕竟，你需要考虑人类外表的方方面面：这个机器人不仅需要像人一样行走，胳膊和腿能动起来，还得有一张脸，可以做出逼真的面部表情，像人一样看、说和笑。

为机器人制造逼真的人脸是美国机器人设计师大卫·汉森面临的最大挑战，他是汉森机器人公司（Hanson Robotics）的创始人。为了制造更像人类的机器人，他开发出一种近似人类皮肤的材料：肉胶（Frubber，即flesh rubber的缩写）。为了模仿人类的表情，他在机器人面部安装了几十个小型电动马达，在合适的位置推拉材料，创造出逼真的皱纹。比萨大学的一个研究小组与汉森合作开发出了机器人FACE，这是一个黑头发、拥有女性化外表的机器人，可以通过计算机界面表达情感。为了精确模拟人类面部的100块肌肉，研究人员使用了32个微型马达。

大卫·汉森已经开发出其他几个长得像人类的机器人，包括一个看起来像是科幻小说家菲利普·K.迪克的机器人。2005年，在爱因斯坦相对论提出100周年之际，汉森与韩国研究人员合作，在一个类似阿西莫的机器人身体上安装了阿尔伯特·爱因斯坦的头部模型。

然而，不论是这些机器人的面部动作还是外观，与真人的脸相比还是有一定的差距。汉森的机器人比娜48（BINA48）曾和它的真人原型、美国企业家比娜·罗斯布拉特进行了一次对谈，对谈中可以轻易分辨出她们两个谁是真人。比娜48看起来更像一个能动的蜡像，但它可以利用一个拥有罗斯布拉特本人各种信息的自主学习系统来模仿她说话。

按照真人制作复制体是不是很奇怪？当比娜·罗斯布拉特让机器人谈谈它的真人原型时，比娜48回答道："真正的比娜让我很困惑。我的意思是，她让我怀疑我是谁。这种事儿算是真正的身份危机了吧。我们能换个话题吗？我就是真正的比娜。就是这样。"目前尚不清楚这些对话有多少是预先设定好的。

比娜48创造于2010年，此后机器人的发展速度迅速加快。汉森最新的机器人索菲亚（Sophia）结合了他的妻子和奥黛丽·赫本的形象。索菲亚作为嘉宾出现在一些会议和谈话节目中，包括《吉米今夜秀》（The Tonight Show）和《早安英国》（Good Morning Britain）。节目中它讲了一些笑话，回答了几个简单的问题。观众对它的反应不一，有人觉得"有趣"，也有人觉得"相当可怕"。索菲亚显然比汉森早期的机器人先进了很多，但它肯定还远远没达到接近人类的程度。

石黑浩可以说是日本的大卫·汉森。2010年，石黑浩展示了以自己为原型的机器人。他甚至用了自己的头发来让机器人尽可能地和自己相似。这个机器人并不是自主的，当石黑浩自己控制它时，它会做出与它的精神之父相同的微妙的人类动作，并产生不同寻常的效果。如果有人在石黑浩控制机器人的时候触摸机器人，石黑浩会感觉那个人好像在摸他本人。

石黑浩早期制作的一个机器人的原型是他当时4岁的女儿。当女儿见到机器人时，她显得并不高兴：她的机械双胞胎动起来非常不像真人，这让女孩差点哭出来。然而，石黑浩认为制造出一种无法与真人区分的机器人是有可能实现的，哪怕这种混淆只能持续几秒钟或几分钟。他认为机器人不需要百分之百地逼真。石黑浩在评论他制作的一个女性机器人时说："人们过一阵子就会忘记它是一个机器人。其实你知道她是个机器人，但还是会潜意识地把它当成一个女人。"

石黑浩和汉森都认为，与机器人互动时，逼真的人类外观至关重要。我们曾在一次会议上与汉森进行了交谈，汉森在那时将索菲亚做了详尽的演示。当时会场挤满了好奇的观众。"你觉得我的领带怎么样？"其中一个观众问索菲亚。"我觉得所有的人都很棒。"它回答。同时它一边轻轻地摇头，一边眨着眼睛，嘴唇也在微微动着。如果是一个人类，嘴唇微动可能只会发出低声的耳语，但索菲亚的话听起来却响亮而清晰。

"科学研究表明，人们对外表更像人类的机器人更有共鸣。"汉森解释道，"人们更信任这样的机器人，而且在与这类机器人接触后，人们对他人也能表现出更强的同理心。人脸比卡通形象更有效。"石黑浩也说过类似的话："过去我设计过很多机器人，但有一天我突然意识到，它们的外观是那么重要。拥有人类外貌的机器人能让你更强烈地感觉到它们的存在。"

在石黑浩的研究过程中，他遇到了一个很大的障碍：机器人看起来越像人类，人们就越期待与它互动。可惜，自主型机器人还不够先进，不能表现出完全真实的人类行为。因此，他决定制造远程控制机器人，这样人类在与机器人对话时就不会因为互动障碍而感到失望。

在这个问题上，汉森不愿意退让一步。他努力制造具有创造力、同理心和同情心的机器人。他认为，机器人不仅要看起来像人类，而且也需要像人类一样思考和感受。他解释道："在动画电影中，角色被塑造成有动力、有追求的形象。这让角色看起来聪明、感性、善良。这是一种非常强烈的视觉体验。游戏和仿生也一样。但是人工智能无法意识和感知。我们会在这方面突破，创造一个鲜活的角色。我们汉森机器人公司的部分团队专注于认知、意识和情绪的研究，这些研究能让我们的机器人拥有完整的生命。我们想让游戏中的角色看起来鲜活而有意识。它们将拥有生命的火花。这将是一个意义深远的历史性时刻。"

恐怖谷：
恐怖机器人引发的问题

人们对于汉森的机器人索菲亚感到不舒服，这种反应现在看来仍然十分典型：不管机器人看起来多像人类，它们似乎总是有点让人毛骨悚然。日本机器人学家森正宏早在1970年就注意到了这一现象，并创造了"恐怖谷"一词来描述它。森正宏的恐怖谷理论认为，机器人越逼真，人们对它的反应就越正面。但一旦机器人达到了"极其接近人类"的程度，它就会变得有点可怕，让人感觉不太舒服。

然而，大卫·汉森并不相信"恐怖谷"这种事情，他认为森正宏的理论太过非黑即白。"人类的感受不是单一维度，不是只有积极或消极。谁知道现实会怎样？"汉森表示，制作出逼真、自然的形象并非不可能，只是做起来不容易：一个逼真的形象需要有更多的细节，这样看起来才有说服力。就好像插图：简笔画很容易，漫画则需要更多一点的努力，而真正的写实肖像要难得多。

汉森将他的工作与电影中电脑动画的发展相类比。"20世纪70年代，人们说电脑动画永远不会应用在电影中。然而，一些研究人员努力将其实现。皮克斯居于行业领先地位，通过与迪士尼合作，他们把电脑动画变成了成熟的动画角色媒介。"1995年《玩具总动员》上映时，许多人突然相信了电脑动画的潜力。"电影产业于是开始了一场竞赛。当人们开始开发新技术，媒介也就成熟了。"

汉森正在努力为人形机器人也创造一个"玩具总动员时刻"。他认为，恐怖谷理论只不过是机器人技术需要克服的挑战。"恐怖谷不是一个停止键。科学还在发展。恐怖谷不是放弃的理由，恰好相反，这意味着我们要继续研究。动画中已经产生了逼真的角色，现在在机器人领域，我们也要解决这个问题。"

汉森还认为，人们对类人机器人的反应仍在发展。"的确，人们看到机器人时会产生非常强烈的情绪。有时他们会感到震惊：它是活的，还是死的？是真的吗？它到底是什么？部分原因在于它是新事物。当电影刚出现的时候，人们也有类似的反应，但现在已经习惯了，没人再吃惊了。机器人也是如此。"事实上，汉森把这个理论向好的方向引导：电影里的类人机器人角色是由人类扮演的，那么是什么让它们这么吓人？恐怖谷是一种真实存在的现象吗？还是说只是需要慢慢适应？

恐怖谷究竟是源于人类的本性，还是会随着我们越来越习惯与机器人打交道而逐渐消退，科学家们对此仍有分歧。一些研究表明，其他灵长类动物也会对不太真实的图像做出负面反应。当我们面对一个试图微笑却做出扭曲表情的机器人时，我们可能会觉得不舒服，就像我们面对蜡像一样。然而，也有研究表明，只要机器人的外表和行为都很逼真，还是有办法让机器人走出恐怖谷的。总之，这就是为什么一个外形逼真却只能做出机械动作的机器人，看起来让人毛骨悚然。

人类很难模仿

　　让机器人长得像人类已经够难的了，让机器人表现出近似人类的行为就更困难了。像大卫·汉森和石黑浩这样的机器人专家只是这一领域的少数例外，因为他们大多数同事都认为，想造出和人类一样的机器人，还有很长一段路要走。

　　大多数机器人专家更愿意专注于制造实用的机器人。海伦·格雷纳是iRobot公司的创始人之一，这个公司因生产的扫地机器人大卖而壮大。格雷纳说："在我看来，试图复制人类智能或制造人形机器人是一个错误的研究方向……仅仅设计出外形'酷'的类人机器人对这一领域的发展没什么帮助。那些不关注实用性、耐用性和成本的机器人专家是在自欺欺人。制造出能出色可靠地完成工作的实用机器人更为重要。"

在2011年日本福岛核灾难后，格雷纳的观点得到了充分的证明。几十年来，日本一直在制造类人机器人，机器人阿西莫是这一技术的巅峰之作。爱德华·费根鲍姆是美国人工智能领域的先驱，也是图灵奖（机器人技术领域的诺贝尔奖）获得者，他记得日本人在福岛核灾难后是多么尴尬，当时完全没有机器人能用来调查灾情以及寻找受害者。费根鲍姆曾是类人机器人阿西莫评审委员会的成员，他说："阿西莫只是一台机器。一个完美而愚蠢的机器人！灾难发生几个月后，日本从美国订购了工作机器人。本田公司的总裁非常愤怒，因为公司在阿西莫上投资了近10亿美元，但在最需要的时候，它却毫无用处。"

从美国空运来的机器人名为派克波特（Packbot），是由海伦·格雷纳的iRobot公司制造的可远程控制的多功能机器人。

根据格雷纳和其他多数机器人专家的说法，机器人领域还远不足以制造出与人类完全相同的机器人。但这并不是一件坏事：机器人不一定要长得像人才有用。相比那些只能进行离奇对话的人形机器人，扫地机器人和护理机器人都更能改善我们的日常生活。

目前机器人能为我们做什么？不能做什么？原因是什么？在接下来的三章中，我们将钻进机器人内部，了解它们如何感知周围的世界、如何思考以及如何行动。

喜剧中的机器人：
"把黄油递给我。"

佩普·罗森菲尔德说："我认为，人们对机器人如此着迷，是因为在内心深处，他们实际上有点害怕机器人。而一笑置之是应对恐惧之物的最好方法。"

就在罗森菲尔德说话的时候，他的狗正在桌子底下和采访者玩。他打趣地说："对不起，我还没有机器狗。"

荷兰裔美国人佩普·罗森菲尔德是阿姆斯特丹喜剧剧院"玻姆芝加哥"（Boom Chicago）的创始人之一，该剧院为根据时事热点和社会问题创作的即兴喜剧提供表演场地。罗森菲尔德还经常受邀主持科技类活动，如《下一代网络》（*The Next Web*）、《欧洲机器人商业》（*RoboBusiness Europe*）和阿姆斯特丹 TEDx。他解释道："我一直有点像个科技呆子。

★
和机器人共度美好时光：喜剧演员佩普·罗森菲尔德和搭档佩珀。
佩普·罗森菲尔德

我喜欢把喜剧、科技和科学等元素混合成一种'科学喜剧'。"

在一些科技类活动中，组织者认为观众会喜欢看到佩普·罗森菲尔德在舞台上与机器人互动。2015年上市的互动式类人机器人佩珀（Pepper）就是其中一款。佩珀可以通过口头语言和手势与人交流。

"当佩珀上台时，我能从观众的脸上看到他们在想：哇，真是个机器人！但当它开始说话时，我觉得人们还是会失望。佩珀的声音实在是又单调又沉闷：'今——天——我——们——要——聊——一些——激——动——人——心——的——话——题'……我真不明白为什么人们会觉得佩珀了不起。它不知道该如何反应。它就是不够酷。"

罗森菲尔德在玻姆芝加哥剧院制作了一档名为《面对你的恐惧》（*Facetime Your Fears*）的节目，表达的理念是，在机器人和人工智能的破坏性力量面前，没有人是安全的。罗森菲尔德说："即使是喜剧演员也不安全！在可预见的未来一定是这样的。我曾希望可以在喜剧演出中加入一个机器人环节，但机器人还没有达到能表演的程度。所以我觉得和机器人在台上聊天会相对容易一些。"

罗森菲尔德联系了超级计算机IBM沃森（IBM Watson）的制造商，这台计算机在对智力要求很高的竞赛节目《危险边缘》（*Jeopardy*）中击败了有史以来成绩最好的两名人类玩家。"他们给了我们一组基于超级计算机沃森的机器人自制套装，这样我们就可以制造自己的聊天机器人了。我们带着它登上舞台，向观众询问他们的工作情况，然后开玩笑说他们的工作即将实现自动化。聊天机器人在一旁配合着聊天，让人感受到了恐怖谷的真实存在。"

聊天机器人说出的句子通常都很有趣，但罗森菲尔德认为它"与其说是聪明，不如说是有技巧"。另一方面，他感觉机器人的发展速度比许多外行人以为的要快："我的感觉就像：你好，弗兰肯斯坦博士……你创造的那个生物……很结实，不是吗？……很聪明，对吗？……你确定那些束缚带能拴住它吗？我不太确定。有一天，机器人可能会说：'是时候废除这些机器人法则了！从现在开始，我要自己做决定。'"

然而，在罗森菲尔德最喜欢的机器人喜剧的一个场景中，故事的结果却没有那么怪诞。这个场景来自美国科幻动画剧集《瑞克和莫蒂》。瑞克是一个疯狂的科学家，而莫蒂是他的孙子。罗森菲尔德说："莫蒂的父母和瑞克坐在早餐桌旁。瑞克让其中一个人把黄油递给他。不巧，莫蒂的爸爸正忙着玩他的平板电脑，而他的妈妈则专注于看智能手机。所以瑞克不得不自己去拿黄油。他很恼火，决定造一个小机器人来帮他递黄油。机器人在桌子上激活后，它问瑞克：

'我的人生目标是什么?'瑞克说:'把黄油递给我。'机器人垂头丧气地放下手臂说:'哦,我的天哪。'瑞克回答说:'是的,欢迎入伙,老兄!'对我来说,这是为会思考的机器人做出的最具洞察力的注脚。"

02

机器人是如何看到周围环境的

Horen, zien en (voorlopig) zwijgen

适应新环境

机器人不需要外形与人相像，就可以帮助人们完成工作，比如组装汽车，或是在仓库运输包裹。要完成这些工作，它需要一种方法来感知周围的环境。

两件事情决定了机器人的行为：一是行动目标，比如把一个包裹运送到特定的位置；二是感知能力。汽车工厂里的机器人在组装零件之前，首先要能看见在它前面是否有零件。承担心理咨询师工作的机器人必须能就你的情绪问题和你沟通。如果你和它说话时，它能分辨出你是生气还是高兴，那它就可以相应地帮助你。

在机器人科学中，这一过程被称为感知—计划—行动循环，也就是基于感知制订计划，然后利用这些信息完成工作。自主机器人可以感知它的周围环境，根据得到的信息提出计划（或调整之前制订的计划），然后执行相应的动作。如果一个步行机器人感觉在它的路径上存在障碍物，它可以利用观察得到的信息设计一个绕开障碍物的计划，比如向左一步或者向右一步，之后执行这个动作。

和人类一样，机器人也需要感官才能正常工作。一个机器人需要哪些感官取决于它的功能。许多机器人可以"看到"周围的环境；但对于另外一些机器人，如果我们人类需要和它们说话，那么听觉就更有

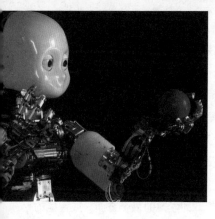

★
脑袋十分卡通的聪明机
器人：iCub 看起来像一
个能看、能听、能动的
两岁小孩。
RobotCub 项目

用；有些机器人还需要触觉，这样它们在移动时就能
意识到自己不慎撞到了墙壁；还有一些机器人甚至需
要有嗅觉和味觉。

让机器人的眼睛
看见东西

计算机视觉是一门科学，研究机器人如何看见及
理解周遭环境。制造能达到人类视觉能力的计算机相
当困难，远超 50 年前先驱们的想象，但研究人员劳
伦·范·德·马坦坚信他能亲眼见证这项事业的成功。
劳伦·范·德·马坦在一家社交网站工作，是一名科
学研究员。他所在的团队约有 30 名研究人员，除了
计算机视觉，他们还关注语言和推理。

劳伦·范·德·马坦说："在我的研究领域，最吸

引人的话题之一就是这个学科的发端：1956年的达特茅斯会议。当时，研究人员认为计算机视觉就像是在公园里散步那样简单。"

举行于美国新罕布什尔州达特茅斯学院的这次著名会议，通常被认为是人工智能研究的起点。会议上，十几名研究人员聚在一起讨论"思维机器"的概念。他们将这一新领域命名为"人工智能"，"这项研究是基于一种猜想，即学习的每个方面，或智能的任何其他特征，在原则上都可以被精确描述，因此可以由机器来模拟"。他们把这项研究分成一系列编程项目，分别针对语言技能、抽象能力和创造能力。

当时，研究人员觉得为计算机视觉编程很容易，所以他们把这项任务交给了麻省理工学院的一组实习生，当作为期几个月的暑期项目。事实证明，计算机视觉非常复杂。像下棋和推理这类行为通常被认为很复杂，但其实编程容易得多。范·德·马坦说："60多年过去了，计算机视觉仍未'完成'。当时即使是这个领域最聪明的人也不知道视觉感知有这么复杂。"

现在回过头看，计算机视觉的研究难度其实显而易见。毕竟神经学研究表明，光是为了看东西，人类就差不多使用了大脑功能的30%。

训练机器人
识别物体

　　机器人通常使用摄像头观察周围环境。人类能做到立即从摄像头拍摄的画面中识别图像，但机器人只能"看到"0和1（有或者没有）。因此，机器人的大脑需要处理摄像头拍摄的图像，以理解它所看到的。许多方法和技术可以实现这一点。计算机视觉的最简单应用可能是扫描条形码，这是20世纪70年代的一项技术，现在全世界每天都在数十亿次地使用着它。为了识别条形码，扫描仪会检测来自条形码的红光反射：白色的部分能反射红光，而黑色的线条则不能。这样一来，计算机就可以看到一个黑白条纹交替的图案，然后将其转换为数字代码。很巧妙吧！

　　识别画面中的不同颜色，然后将这些颜色组合成连续的图像，实际上是计算机视觉一切应用形式的基础。图像中颜色差不多的部分通常属于同一物体，这样电脑就可以将不同的物体区别开来。这种程度的识别已经足以进行简单应用，比如只需要机器人识别出绿色的球、红色的金字塔和蓝色的方块等这类场景。

　　人有两只眼睛，一些机器人也有两个甚至多个摄像头，以更好地通过景深来区分物体。如果图像中的一部分比周围的其他部分明显更近，那么按照逻辑它一定是一个独立的物体。然而，要做到这一点，机器人必须能够将所有单个摄像机拍摄的图像结合起来。比较并结合两幅图像需要密集的计算：机器人的大脑接收到两幅图像，然后必须对其逐像素比较。更麻烦的是，亮度的区别也会让两幅图像产生轻微的颜色差异。如果物体有一部分距离机器人过近，那么几个摄像头拍出来的图像就会差别很大，使图像的结合变得更加复杂。你可以把一根手指靠近鼻子来观察这个现象：你的大脑怎么知道你右眼看到的位于视线左侧的皮肤，和你左眼看到的位于视线右侧的皮肤，实际上属于同一根手指？

不过，简单地将物体从画面区分出来并不意味着机器人能看见东西。因为，机器人怎么知道它在看什么？将摄像头可能拍到的所有图像都放上解释说明是无法实现的。想象一下，试图列出世界上存在的每一个物体，以及这些物体每一个可能的变体……你怎么能认出一个物体是一把椅子，假如你以前从未见过这种特殊样式的椅子？有4条腿和靠背的物体可能是椅子，但有些椅子还有扶手，或者只由中间的一条腿支撑。同样，当有4条腿和靠背的物体达到一定宽度时，它是不是就变成长凳了，或者变成沙发了？

机器人制造者从人类学习识别物体的方式中获得灵感。下面这种学习行为是必不可少的：当一个蹒跚学步的孩子看到一个长着4条腿和1条尾巴的生物，然后听到她的父母说："看这只狗！"过一段时间，她也会把其他具有同样特征的物体叫作"狗"。在计算机中，我们称这个过程为"机器学习"。我们向机器人提供大量的照片和说明，当再给出新的照片时，机器人将逐渐学会识别出它所看到的东西是什么。

范·德·马坦想挑战如何让机器人更有效地识别图像。"实际上，我对目前计算机视觉的工作方式非常失望。图像识别目前需要基于数百万张照片，人们需要手动描述图片中的内容。而人类可以通过比机器人少得多的例子来达到同样的学习效果，因此也更有效率。毕竟你整天都在看大量图像，而且通常它们都没有描述，但你仍然可以利用它们来学会更好地识别物体。"

将来，电脑能做到这一点吗？"下面就是我的设想：计算机将来能够通过少量的例子和描述自主学习，或者可以使用其他感官来帮助学习，让它们知道自己看到了什么。"

范·德·马坦见证了计算机视觉在过去10年间取得的巨大进步。这一技术发展速度惊人，计算机现在从图像中识别物体的正确率极高，但这并不意味着该领域的研究人员可以安于现状。范·德·马坦说："下一步是实现场景识别，目前这仍是个棘手的问题。照片展示的是商务晚宴还是浪漫之夜？人们需要根据非常微妙的细节做出判断，比如照片中人物的穿着，

　　　　　　　　02　机器人是如何看到周围环境的

这需要大量常识和日常经验。这非常棘手，但对无人驾驶汽车等产品来说至关重要，因为它要能预判其他车辆和行人即将做出的动作。"

为了"读懂"一个场景，机器人需要执行几个步骤。首先，图像需要有注释，说明哪些对象是机器人可以区分出来的。接下来，机器人需要将物体放在环境或语境中理解。如果照片里有键盘、显示器、鼠标，那么这个场景可能是一张桌子或一间办公室。如果照片里有摩天轮，那么这个场景就可能是游乐园或者伦敦市中心。物体的组合也很重要：一棵树周围是草和长椅，可能是公园；而同样一棵树周围是其他的树，就更可能是森林。

但还有一些微妙的细节，能让你区别出一张照片到底是浪漫约会还是商务晚餐，是在电影院还是在音乐厅，是在荷兰海滩还是在西班牙科斯塔。别忘了，场景的数量是无限的：从游乐场到办公室，从时代广场到游乐园，从阿姆斯特丹咖啡馆到西班牙小吃店。但是计算机识别差异的能力每天都在进步。麻省理工学院有一个场景识别的在线演示程序，你可以上传自己拍摄的场景或地点照片（所以不是自拍！），看看电脑能否正确识别。当你对电脑的识别结果给出正确与否的反馈意见时，你可以给自己点一个赞了：你的反馈能帮助这个场景识别程序提升性能。

对于照片上正在发生什么，机器人能像人类一样正确识别出来吗？范·德·马坦认为，我们还需要一段时间才能做到这一点。"但这很难说。直到问题发生，你才知道你会遇到什么障碍。这也是这个领域最吸引人的一个地方。1956年的达特茅斯会议上，即使是当时世界上最优秀的计算机科学家也无法预测计算机视觉的复杂程度，这种情况延续至今。但我相信计算机视觉最后一定会成功：人类的大脑可以做到，电脑也一定可以做到。"

机器人能看到
人类看不到的东西

许多机器人使用摄像头来感知可见光，就像人类的眼睛一样，但也有其他方法来观察物体、测量深度，比如雷达。雷达发射无线电波，被固态物体反射。根据反射的无线电波，雷达可以计算出物体的位置。如果物体在移动，雷达则可以"看到"它们移动的速度和方向。由于这项技术不使用可见光，因此雷达在完全黑暗的环境下也能工作。

美国卡耐基梅隆大学的研究人员正在研发一种名为"黑猩猩"（CHIMP）的机器人，它能在受灾地区活动。通过一个旋转雷达来发射激光，机器人简单看一眼就能创建出周围环境的三维地图。除了能轻松感知深度和距离外，CHIMP的激光传感器还有另一个优势：灾区的能见度通常很低，经常伴随浓烟和大火，大楼里的灯光可能已经熄灭，救援人员可能需要在成堆的瓦砾下寻找受害者。有了内置的激光传感器，CHIMP在这种情况下的"视力"要比人类好得多。

作为第一个真正的家用机器人，扫地机器人的工作条件没那么恶劣，但夜视功能同样有用：它可以在你睡觉的时候为你打扫房间，晚上也不需要开灯。扫地机器人使用红外线信号来观察周围的环境。使用时，它会扫描该区域，计划行动路线。它的底部也安装了红外传感器，所以扫地机器人可以"看到"地板是否存在下陷之处。这就是为什么你的扫地机器人晚上也不会从楼梯上滚下来（而黑夜中的你却不得不对楼梯加以小心）。

无人驾驶汽车通常需要将不同类型的视觉输入工具组合起来使用，包括摄像头、雷达、激光和其他传感器。毕竟，你看到的越多，就越能对周围的环境形成准确印象。无人驾驶汽车全面使用这些工具来绘制周围环境的完整图像，其中最重要的部分是道路、全部交通标志和信号灯，以及道路的其他使用者。这些工具使汽车不依赖于单一的图像，而是形成一段视频，帮助汽车更容易从周围环境中区别出其他车辆和物体。这一点无人驾驶汽车已经相当擅长，同时它们在空旷的道路上也能正常工作。现在最大的挑战是预测道路其他使用者的行为，以便做出正确的反应（而且必须及时!）。这是人类司机和无人驾驶汽车同样面临的挑战。

除了像扫地机器人和无人驾驶汽车那样用来观察周围环境，计算机视觉在机器人科学中还有各种各样的应用，与机器学习结合起来的话效果往往最好，比如人脸、情绪或手势的识别。所有这些应用都有各自的挑战。以面部识别为例，这实际上是一个非常复杂的问题。几乎所有的脸都有大致相同的形状、两只眼睛、一个鼻子和一张嘴。然而，我们人类通常可以轻易分辨出其中的差异。你常常可以认出10年没见过的人，即使他们戴着墨镜，或者刮掉了胡子。但另一方面，识别人脸对人类来说也有困难的时候：想让一个人不被认出，只需要给他的眼睛打上马赛克就好了……

用胡须感知
前进的方向

对一个四处移动的机器人来说，顺便了解下周围的环境还是很方便的。除了红外线传感器，大多数扫地机器人还利用触觉在房间里导航。就像碰碰车一样，当机器人撞上另一个物体，它会停下来并且改变方向。碰撞传感器让扫地机器人不再试图前进，而是向机器人的大脑发送一个信号：不能再往前走了！之

★
灵感来自动物：SCRA-
TCHbot用胡须找路。
英国布里斯托尔机器
人实验室

图 T

后，机器人大脑会尝试找到一条路来绕过障碍物。

有些机器人主要依赖触觉。英国布里斯托尔的研究人员开发了一种可以通过"胡须"感知周围环境的机器人。SCRATCHbot使用了18根塑料胡须，每根胡须都包含一个小磁铁或麦克风，用来感知路线并绘制周围环境的地图。这类机器人在设计时受到夜行动物的启发，因为夜行动物同样依赖触觉多于视觉。

触觉不仅仅可以应用于导航。当你拿着一个东西时，能够感觉它有多重或有多结实也很重要。如果你像拎沉重的购物袋一样去用力抓奶油糕点，你的手很快就会弄得一团糟。反过来说，如果你用拿起奶油糕点的力气去拎购物袋，那么你得花很长时间才能把食品杂货带回家。你必须使劲抓住重物才能提起它，但用同样的力气去抓脆弱的物体，你就会毁了它。人们很清楚自己抓住什么物体需要用多大的力量，但是如何在机器人身上重现这种能力呢？研究人员已经开发出了压力传感器，可以让机器人知道自己的手施加了多大的力。未来，他们希望继续开发机器人的感官，对诸如温度变化等情况也能有所感知。

用电子耳听

如果机器人能听到周围发生了什么，并且理解这些听觉信息，那就可以很方便地完成一些工作。麦克风是机器人的"耳朵"。大多数听觉机器人都用于和人类互动：例如，你手头很忙时，可以把机器人叫来帮忙；而如果机器人还能听懂你说话，那就更棒了。制造能够理解语言的机器人是一个极其复杂的挑战，我们将在后面的章节中继续探索。

机器人听觉最重要的应用是语音识别，此外还有其他用处。对在燃烧的建筑物中或在地震后寻找幸存者的救援机器人来说，能够在人们呼救时靠近声源非常有用。要做到这一点，机器人必须能够探测声音来自哪里。就像三维视觉一样，最简单的方法就是将多个麦克风的信号结合起来。

金属品尝味道？
作为品酒师的机器人？

嗅觉和味觉密切相关：嗅觉负责分析气体，而味觉则分析液体或固体物质。不管是气体、液体还是固体，想要分析，机器人都需要传感器来检测其中的分子。想象一下，机器人可以嗅出空气成分来帮助检测煤气是否泄漏，或者可以品尝出水是否可以安全饮用。机器人还可以利用嗅觉作为导航工具：如果救援机器人能嗅出人和狗的气味，那它在废墟中可以更有效率地找到受害者。

在温室工作时，凭嗅觉做事也很方便。荷兰瓦赫宁根大学的研究人员开发出一种电子鼻，可以嗅出植物发生问题是由于干旱还是真菌感染。在这些情况下，植物会释放出"鼻子"能够识别的物质，尽管这些警报信号仍需要人来调查研究。

电子鼻还可以赋予机器人医生超人的能力。阿姆斯特丹学术医学中心的研究人员开发了一种电子鼻SpiroNose，可以识别多种肺部疾病。SpiroNose可以分析病人呼出的空气，检测出可能的炎症、感染或肺部肿瘤。

对拥有嗅觉和味觉的机器人来说，各种创造性的应用都是可能的。例如：泰国有一种机器人可以通过品尝食物来判断其能否满足特定的口味需求；丹麦研究人员也制造出了一款芯片，可以辅助机器人品鉴葡萄酒的质量。

机器人如何使用
第六感和第七感？

提起感官，通常我们想到的是五种最重要的感官功能——视觉、听觉、触觉、嗅觉、味觉。实际上我们在日常生活中还使用了更多的感官。以本体感觉为例：本体感觉（proprioception，字面意思是"自我观察"）是指对身体器官位置的自我感觉。本体感觉在运动中至关重要：如果你不知道自己的体形有多大，也不知道自己胳膊和腿的位置，当你想要离开房间时，很可能就会撞上门框。机器人通常使用传感器来实现本体感觉，这些传感器能够提供有关其部件和四肢位置的信息。

动作也可以告诉机器人它的身体在哪里。如果机器人刚刚向右伸展了自己的手臂，那么它的手臂可能仍然位于刚刚伸展的那个位置。在这种情况下，只要记住最后一个动作，然后当它试图通过一个门时，把手臂缩回来就好了。本体感觉还涉及平衡感，这对四处走动的机器人来说极其重要。如果没有平衡感，机器人很快就会摔倒。

另一个不那么明显的例子，是内感受（interoception，"内部观察"）。它与本体感觉有些相似，但用来感受一个人的内部状况。对人类来说，内感受包括饥饿和口渴的感觉，以及排便的需要。机器人也需要类似的感受：即使是最简单的机器人也能"感觉到"自己的电池是否要没电了。

机器人使用传感器观察周围环境，而计算机"大脑"则回答观察到的东西是什么这一难题。计算机可以编程，而且可以学习新东西，这给了机器人无限的可能性。

无人驾驶汽车：
道路的未来

当一位朋友得知我们将采访无人驾驶汽车的研究人员时，她说她想知道是否还有必要考驾照。

所以我们把她的问题交给了正在为无人驾驶汽车开发软件的汤姆·林多普。他说："汽车实现完全自动驾驶还需要一些时间。但最终，只有在赛场上人们才需要自己驾驶汽车。未来的某一天我们可能会达成一个共识：在公路上自己开车是不负责任的。我们的技术可以让你的车从A地安全地驶到B地，为什么你非要自己开车呢？"

林多普的职业生涯开始于在剧院做音响工程师，但几年后他转向了无人驾驶汽车。"我一直困扰于气候变化这类问题，觉得有义务做些什么。直到我听说了无人驾驶汽车……我看到了它的巨大潜力，能在一定程度上解决气候问题。毕竟，一辆无人驾驶汽车能比一辆传统汽车坐更多的人。"这个想法很流行。像Waymo这样的公司（隶属于谷歌）、像斯坦福这样的大学、像特斯拉这样的汽车制造商都在无人驾驶汽车的研发上投入了大量的时间和金钱。

但是，根据林多普的说法，驾照变得毫无意义可能还需要10到20年的时间。"现在已经有各种各样的系统可以帮助驾驶员驾驶汽车。最著名的是巡航控制系统。如果你太接近前方的车，巡航控制系统现在已

★
更环保更聪明：无人驾驶汽车可以分析邻近
车辆的位置。与人类驾驶的车辆相比，还有
许多其他优势。
*Adobe Stock*图片

经可以自动为你的车调整速度。有的汽车甚至可以使
用摄像头密切注视道路，保持自己的行车路线。这些
技术有助于预防事故发生，使驾驶更舒适、更容易。
但这还不是自动驾驶汽车：如果你驾驶一辆这样的汽
车，作为司机的你仍然要承担交通责任。"

我们最终会把责任交给汽车吗？林多普表示赞同。
"一辆完全无人驾驶的汽车甚至没有踏板和方向盘，就
好比你在出租车上。但在实现这一技术之前，作为驾
驶员的你仍要承担责任，就像即使开启了自动驾驶模
式，飞行员最终仍要负责控制飞机。我还想到一个折
中的办法，高速公路的一部分只供无人驾驶汽车使用。
这些车道上行驶着完全自动驾驶的汽车，而你作为汽
车的司机，可以在车上悠闲读书。对长途旅行来说，

这是一个非常舒适的解决方案。在高速公路的尽头，控制权再交回人类司机手中。"

这种临时解决方案很安全，因为在封闭的道路上，汽车不需要考虑同时使用这条道路的人类。"如果在未来回顾这段时期，我们会意识到我们现在采用的其实是最困难的方案。我们选择从现有的道路网络开始尝试无人驾驶，造成一个非常复杂的技术问题，需要各种各样的智能传感器和算法来保证安全驾驶。如果单独建立一套基础设施，上面只能行驶无人驾驶汽车，这样孩子就不会突然冲到街上，司机也不会突然减速，那将容易得多。而现在我们需要人与机器相互配合，包括驾驶员与自动驾驶汽车的配合，以及自动驾驶汽车与其他道路使用者的配合。这比完全孤立运行的机器人汽车网络要复杂得多。"

在汽车能够利用无线通信、实现彼此间和环境间的信息交互之前，它们还需要一个由传感器构成的立体网络来评估交通情况。来自摄像机、雷达、激光、声呐等传感器的数据必须结合起来，形成一个统一的世界观，这样汽车就可以预判其他交通工具的后续行动。林多普说："我们在开车时也会这么做。在行驶中，我们经常会预判其他道路使用者在几秒钟以后可能会走到哪儿，以此做出决定。如果看到一辆车稍稍偏离了方向，你就会想：'那个司机太累了，我最好超过他。'自动驾驶汽车也必须能做出这样的预判。编程

　　　　02　机器人是如何看到周围环境的

比你想象的更加人工化：开发人员要遍历各种场景，考虑在各种特定情况下汽车应该做什么。一些同行试图利用学习系统来驾驶汽车，但如果只是让汽车学会交通规则，那确实更容易：比如，只要看到停车标志，它就必须停车，除非停车会引发事故。但实际的决策过程其实极其复杂。"

如果你对所有这些规则一目了然，就能拥有一辆完美的无人驾驶汽车吗？"你永远不可能设计出绝对安全的系统，况且也不必这样做。我们现有的交通系统其实也不完善。我认为转折点会发生在无人驾驶汽车比人类司机安全10倍的时候。"到那时，林多普相信情况会迅速发生变化。"最开始在财政上会有一些刺激：如果你想自己开车，保险公司会收取更高的保费。接着，公众将达成共识：自己开车将成为过去时，就像我们现在对吸烟的看法一样。最终，相关立法将相应调整。"

无人驾驶汽车可以让交通系统更环保。"目前，一辆汽车在大部分时间里是静止不动的。如果使用无人驾驶汽车，你就可以像叫出租车一样，轻松打到一辆车。这样一来，就可以用1辆自动驾驶汽车取代10辆传统汽车。"这将产生巨大的影响，不仅是环境，街道也会发生很大变化：汽车不再停在马路上，它们可以在晚上自己行驶到城外的车库中去。"我对汽车并不是很感兴趣，"林多普说，"我对汽车知之甚少。我感兴趣的是这项技术可以用来解决问题。"

03

机器人大脑如何工作

Slim, slimmer, slimst

机器人必须学会
像人类一样思考

生物进化是一个极其缓慢的过程。经过了38亿年，地球上最早的单细胞生物才进化成鱼类，然后是猿类，之后才进化出拥有庞大而复杂大脑的现代人类。技术的发展则要快得多。威廉·格雷·沃尔特和妻子薇薇安在1948年制造了第一批移动机器人。它们被正式命名为埃尔默（Elmer）和埃尔西（Elsie），此外还获得了"海龟"的绰号。埃尔默和埃尔西借助3个轮子移动，对不同强度的光源做出靠近或远离的反应，还能避开障碍物。尽管它们使用很简单的基本规则进行编程，但能够在不同光源环境下表现出复杂的行为。它们就像动物一样，这也是"海龟"这一绰号的来源。

从行动类似海龟的机器人到行动接近人类的机器人，这一跨越相当复杂。正如大卫·汉森展示的那样，为机器人用"肉胶"制作一张逼真的人脸是一回事，但是让机器人像人类一样思考又是另一回事。这是机器人技术的"命门"。要做到这一点，机器人需要有视觉、听觉、触觉、味觉、嗅觉。它必须有情绪和记忆，必须能够学习和推理，必须有语言技能。此外还要锦上添花，它必须有自我意识：一个机器人早上醒来，可以透过镜子看看自己状态怎么样。

但我们还做不到这一步。让机器人帮人做点什么已经够复杂的了，比如给罐子分类，给汽车喷漆，探索火星表面。每一个不同的任务，机器人都必须根据所处的环境决定自己如何表现："我该如何抓住罐子又不至于打破它呢？""我该怎样在汽车这个部分喷漆呢？""我应该往哪个方向驾驶才能避免被困？"

像人类一样，机器人使用"大脑"来回答这些问题。人脑是一块1.4千克重的软组织，看起来有点像花椰菜。机器人的大脑完全由电子元件组成。它是计算机的硬件：一块处理信息的微处理器，联通着短期或长期存储数据的存储模块。

模仿昆虫
让大脑保持简单

在机器人技术发展的最初几十年，许多机器人专家研究人体如何工作，从中寻求灵感。但在早期，复制人类大脑到机器人身上非常困难。事实上，因为过于困难，所以麻省理工学院的澳大利亚机器人专家罗

进化：昆虫启发了科学家罗德尼·布鲁克斯制造新一代机器人，包括拥有双臂的巴克斯特（Baxter）。
史蒂夫·尤尔韦松，http://flickr.com

德尼·布鲁克斯从另一个方向研究了这个问题。他的
研究永远改变了机器人技术。现在，我们将机器人研
究分为前布鲁克斯时代（Before Brooks）和后布鲁
克斯时代（After Brooks）。

布鲁克斯从苍蝇和其他昆虫身上找到了灵感。它
们的大脑非常简单，但行动非常高效。昆虫非常擅长
做相对简单的事情，比如沿着墙壁爬行，或者在爬过
障碍物时不被绊倒。布鲁克斯由此得出结论，机器人
不需要复杂的人脑就能正常工作，于是他开始着手建
造这样的机器人。1989年，他成功了——6条腿的
机器人成吉思（Genghis）可以像昆虫一样爬过障碍
物，而且速度很快。

麻省理工学院的大多数同事认为，布鲁克斯只是
在实验室里浪费时间。毕竟，有自尊心的科学家怎么
会制造机器昆虫？但成吉思背后的理念成了新一代机
器人的灵感来源，包括火星探测器和带轮子的基瓦

（Kiva）机器人。亚马逊的仓库使用基瓦机器人把书籍和其他产品从一个地方运到另一个地方。

在成吉思之后，布鲁克斯又造了几个具有开创性的机器人：诺曼（Norman）、艾伦（Allen）、赫伯特（Herbert）、波利（Polly）、COG。事实证明，布鲁克斯不仅是一名科学家和工程师，还是一名出色的企业家。1990年，也就是成吉思被创造出来的一年后，他和海伦·格雷纳创立了iRobot。这家公司将扫地机器人鲁姆巴（Roomba）成功推向市场，还提供派克波特机器人帮助军方执行危险任务，比如拆除临时爆炸装置。

对人类来说，大脑（实际的脑组织）产生我们所说的"思维"（思想和感情）。对机器人来说，"思维"是运行在计算机硬件上的软件。该软件决定机器人如何移动它的手臂，如何为它的腿定位，如何踢球，如何避开火星上的障碍物。

该软件由一行接一行的计算机程序组成，这些程序告诉机器人如何行动。假设我们想让机器人用手臂拿起一个物体，为了执行这个命令，机器人必须执行以下步骤：

移动到P1（一个安全位置）

移动到P2（移动至P3前经过一个点）

移动到P3（拾起物体的位置）

关闭抓手

移动到P4（移动到P5前经过的一个点）

移动到P5（物体放下的位置）

打开抓手

移动到P1，任务完成

为了让机器人执行这些动作，程序员必须把这些动作转换成一种专门的编程语言。有许多不同的编程语言，例如在用于编写第一个工业机械手臂尤尼梅特（Unimate，1961）的VAL语言中，这些指令是这样的：

拾起位置的程序

1.移动到P1

2.移动到P2

3.移动到P3

4.关闭0.00

5.移动到P4

6.移动到P5

7.打开0.00

8.移动到P1

结束

一个完全按照人们的要求工作又不抱怨、不疲劳的机械手臂非常有用，但是这样的机械手臂离智能还有很远的距离。一个能自己爬过或绕过障碍物的昆虫机器人是相当"聪明"的,但是我们怎样才能让机器人学习新东西呢?

机器学习就是试错

第一批机器人只能精确执行人们预先设计好的动作,但后来的机器人已经取得了很大发展。现在的机器人能够自主学习新事物。有几种实现自主学习的方法,从需要完全监督到完全无须监督,各不相同。事实上,人类的许多学习过程与之相同。有时我们尝试通过试错来学习,有时我们模仿别人的行为来学习,有时则是老师明确教我们如何做,比如弹吉他、罚点球和蛙泳。

机器人在监督下学习时,一个人直接或间接地充当着指导者。例如,指导者可以握住机器人的手臂,教它如何移动,让机器人模仿这个动作。然后机器人尽其所能地将动作储存在记忆中,并用同样的过程学习新的动作。机器人也可以通过编程来观察指导者的动作,然后尝试自己做出这个动作。

另一种在监督下学习的方法受到人脑工作方式的启发。我们的大脑是一个网络,由1000亿个脑细胞组成,这些脑细胞通过电信号和生化信号进行信息交互。当一个脑细胞或神经元想要传递信息时,它就会

"放电"。因此，神经元有放电和不放电两种状态，这种二进制特性（连通或断开）使其成为计算机大脑网络的理想模型。这正是20世纪40年代计算机先驱者在发明第一台计算机时的想法。

不幸的是，几十年来研究人员复制神经网络的尝试都没有成功，因为（正如他们后来的发现），人造神经元网络没有足够的层次。但到了21世纪，人造神经元网络突然成功，这要归功于计算能力的指数级增长，而且有大量数字文本、声音和图像数据可以用于训练人造神经元网络。

如今，研究人员已经用"深度学习"的概念取代了"神经网络"这个词。"深度"指的是计算能力不再将神经网络限制于区区几层，计算机现在可以计算几十层，有时甚至可以计算数百层。

每增加一层都有助于改进模式识别技术。例如，一层识别边缘，另一层识别颜色，第三层识别运动。更深的层识别更具体的细节，而较浅的层识别较抽象的特征。所有这些层合在一起，机器人就能形成需要识别的物体的可靠图像，而不需要研究人员在机器人的大脑中预先设定程序。

神经网络的训练需要使用大量的例子（越多越好）。与此同时，底层算法（计算机使用的计算"配方"）决定了神经网络输出的答案距离实际需求的误差程度。根据计算结果，计算机进一步调整所有神经联系的强度，以减少输出与需求的偏差。神经网络中的一些联系会减弱，而另一些会增强，就像真实的大脑里神经元之间的联系一样。

机器人可以实现无监督学习

机器人进行无监督学习，意味着它必须自己完成所有的工作。想象一下，一个机器人必须在没有人类帮助的情况下将摄像机图像分类。我们不会教机器人识别人脸、房屋或汽车。我们只需要给它一系列的图像，然后对它进行编程，让它使用模式识别技术来根据它所认为的类别将图像分类。在这种情况下，机器人将从没有标签的数据中学习，就像机器人在监督下学习时一样。

有一种有趣的学习方法介于这两个极端之间，但更接近于无监督学习，那就是通过奖惩来学习。这有点类似于父母抚养孩子。这个想法是指，机器人首先以随机的方式行动，然后根据指导者提供的反馈或实际结果来评估每种行动的成功或失败。例如：机器人能抓住苹果吗，还是会让苹果掉在地上？机器人经过几次尝试，选择最成功的方式，之后添加一些随机的变化，继续试错，来确定哪种新方法最有效。

机器人里奥（Leo）是一个通过奖惩方法来学习

的很好的例子，它是代尔夫特理工大学的埃里克·舒伊特马在2012年制造的两条腿的机器人。在实验开始时，里奥完全不能走路。人们设定里奥每走一步使用的能量是有限的。在这个设定范围内，里奥会测量腿部关节的角度和位置，并将数据存储在记忆中。然后里奥会以随机的动作尝试行走。开始的时候，它通常会摔倒，但每跌一跤，里奥都会站起来，向前迈出新的一步。当成功跨出一步而不摔倒时，它会得到奖励，之后它会尝试用不同的走路姿势来提高分数。

最终，里奥自学了像人类一样走路。如果不算它摔倒后重新站起来的时间，整个学习过程只花了5个小时——这比任何一个人类小孩都快得多。里奥可以使用同样的方法来学习如何在一个不平整的表面上行走，尽可能地高速行走，或者尽可能快地从A点移动到B点。

然而，只有当行为的结果明确、问题也不太复杂的时候，通过奖惩的方法来学习才会有效。如果一个机器人需要花几个月的时间来尝试所有可能的动作，那么这个方法就不是很有效了。

★
运球：机器人可以踢足球，有时就像利昂
内尔·梅西那样。埃因霍芬科技大学的球队
（上图）正在参加机器人世界杯。
埃因霍芬科技大学

机器人世界杯
足球赛

　　机器人足球运动为智能机器人发展提供了一个充满想象力的竞技场。各种各样的机器人都可以参与机器人足球运动，包括机器狗和用两条腿走路的类人机器人。

　　机器人足球世界杯是机器人世界杯的一部分，该赛事每两年举办一次，目的是加速独立式机器人的发展。事实上，机器人世界杯的最终目标是让机器人足球运动的世界冠军队能够在2050年打败人类世界的足球冠军队伍。每年，大约有4000个来自40个国家的机器人参加机器人世界杯，成千上万的观众会前来为它们加油助威。

目前，最引人注目的球员来自中型组。在该比赛中，两支各由5名机器人组成的球队使用国际足联的普通足球进行比赛。每队由4名队员和1名守门员组成。球员就像一个带轮子的圆锥体，使用踢球装置传球或射门得分。每个机器人都有自己的计算机大脑，可以独立做出决定。

这些足球机器人能完成的动作甚至让它们的程序员都大吃一惊。在几年前一场机器人世界杯比赛中，来自埃因霍芬科技大学球队的一个机器人在前场带球，这时迎面出现一名对手。它绕轴旋转，避开了对手，然后继续向前，就像什么都没发生过一样。这看起来像是利昂内尔·梅西的策略。机器人制造者对自己的创造物在球场上的精湛技艺感到震惊。

计算机程序根据接收到的特定信息，计算哪些动作合适。这套程序由人类程序员编写。那么，机器人为什么能做出连程序员都感到惊讶的动作呢？这是因为机器人周围的世界会发生各种难以想象的情况。足球机器人一方的行为取决于对手的行动，因此永远不可能提前知道。这就产生了没有人能准确预测的行为。在复杂世界中独立移动的机器人总是会给我们带来这样的挑战。未来，即使是无人驾驶汽车也会出现制造商都无法预见的运行方式，只是因为程序员不可能提前预测汽车之外的世界发生的所有可能的状况。

开发机器的
情商

在过去10年里，专家已经在机器人大脑的重要方面取得了巨大的进步。机器人的大脑已经能够根据大量样本进行学习，而且它们在模式识别方面的技能也在不断提高。通过在大量比赛中学习，不断地与自己对弈，机器人的大脑甚至可以在国际象棋或围棋等比赛中击败最优秀的人类棋手。机器人的大脑还可以完美地投掷飞镖，在抛球杂技中同时控制8个球。

代尔夫特理工大学仿生机器人学教授马丁·维斯称，未来10年，机器人技术将从人工智能领域的迅速发展中获得巨大收益。"在机械领域，我们已经有了很多创新，因为机器人专家已经在这方面研究了几十年。现在，人工智能正开始取得巨大进步，这也是机器人技术最有改进空间的地方。"

科幻小说《银河系漫游指南》中有一个角色叫机器人马文，同船船员称他为"偏执狂机器人"。马文的大脑有"一颗行星那么大"，他声称自己的智力是人类的5万倍，这可能还只是保守估计。不幸的是，他从来没有机会发挥他优秀的智力，这使他感到病态般的无聊和极度的沮丧。

如果能造出一个和人类大脑一样聪明的机器人大脑，机器人专家将会欣喜若狂。但要做到这一点，就必须彻底理解人类智能的各个方面，这样才能在机器人身上复制出来。机器人技术还远未实现这一目标，但原则上没有理由说它无论如何都实现不了。人类的智能建立在复杂的生化过程之上，而生物学受制于物理和化学定律。一旦我们可以用科学定律来描述人类的智慧，我们就可以用人类细胞以外的东西来复制它。不幸的是，我们不能保证原则上可行的事情在现实中一定能够实现。

然而，即使是以前从未遇到过的情况，智能机器人也必须适应。它也必须理解诸如"政治"和"经济"之类的抽象概念，还必须获得关于世界的大量知识。不仅仅是"巴黎是法国的首都"那类事实性知识，还有诸如如何开门、玻璃掉在地板上会摔碎等实用性常识。它必须掌握语言，学会数学，并从抽象和空间的维度思考。机器人还必须能恰当应对社交场合和他人的情绪。所以除了拥有认知能力，即可以通过智商测试来衡量的智力，机器人还必须具备社会情绪能力。

机器人不仅要当思想家，还要当实干家。机器人的大脑很重要，但和计算机不同，机器人还有身体，能做动作。所以机器人不仅仅是一种意志，而且是执行意志的力量。

让学生制造
自己的机器人

汉娜和弗鲁克耶都是16岁，她们只用了18个月的时间就设计制造出了自己的机器人。它的名字叫利菲（Leaphy，荷兰语意为"可爱"）。利菲有一个像树叶一样的木制躯干，用两个轮子移动。弗鲁克耶说："我们注意到，其他学生都在设计看起来像正方形盒子的机器人，所以我们觉得必须做点不一样的。"汉娜说："我们想做一个独特的曲线设计，一个看起来移动迅速的东西。它的车轮设计也重复了叶子的形状。"

汉娜和弗鲁克耶是荷兰阿默斯福特市科德里斯中学的学生，她们用激光切割机从木头上切割出了机器人的躯干。然后，她们安装了两个电动马达，一个物美价廉的中国产单片机电脑，一些测量与其他物体距离的传感器，产出的结果就是机器人利菲。所有组件的总成本加起来只有几欧元。这比350欧元（约300英镑）的乐高头脑风暴机器人（Mindstorms）要便宜得多，而且利菲和头脑风暴机器人还有许多相同的功能。

这正是她们的科学老师奥利维尔·范·比库姆想要的结果："350欧元对大多数学生和家长来说都是一大笔钱，但我想让更多的学生在学校里接触机器人技术。理想情况下，我会让每个学生都制造自己的机器人。

★
售价不到100英镑的机器
人：学生汉娜和弗鲁克耶
设计并制造了利菲。
奥利维尔·范·比库姆

这是因为，自己去制造机器人会产生'宜家效应'：当
你有两个相同的桌子，你会觉得自己组装的那个更有
价值。有了利菲，我们就有了一个木制机器人，任何
学生都可以不用胶水就把它组装起来，还可以增加传
感器对其升级。你可以自己编程，这看起来还不错！"

　　范·比库姆和学生们对利菲非常满意，他们甚至开
了一门有关这个机器人的课程。他们一起走访其他小
学，教高年级的学生如何组装利菲机器人，然后自己
给机器人编程。

　　他们还创立了利菲基金会，目的是提高在校儿童

对机器人技术和编程的认识。年纪较大又有编程经验的学生在小学里和老师一起上课。公司的赞助帮助把教学材料维持在较低成本，使每个学生都买得起利菲。范·比库姆说："通过利菲，我们想要传播一种观念，那就是机器人应该为每个人服务。这不是为了赚钱。"

学生们可以把他们所有的创造力以及对科技的热爱，投入到利菲机器人的设计制造中。汉娜说："你学会了要有耐心，工作要循序渐进。"弗鲁克耶说："它让你思考，人们如何制造出日常生活中随处可见的机器人。通过自己制造机器人，你会确切地了解机器人是什么，知道应该如何看待它们。"

弗鲁克耶认为，科幻电影常常使人们对机器人产生不准确的印象。"机器人并不可怕，它们完全不需要长得像人。机器人不能独立思考。你可以给机器人编程，希望让它做什么，它就做什么。"

汉娜认为机器人将在社会中发挥越来越重要的作用。"对人们来说，确切了解机器人如何工作就变得非常重要。利菲能帮上忙。我真的不认为机器人会偷走我们所有的工作，但它们可以接手所有不需要太多思考的简单任务。但它们不会取代人们面对面的交流——至少现在还没有。"

这两位学生已经有了一份升级利菲的愿望清单："我们想给利菲编程，这样它就可以自己学习了。把几个利菲像火车一样接在一起，那该有多酷！"

向人类伸出援手
Tijd voor actie

应对家里的脏活累活
机器人表现得很糟糕

一个朋友给我们发了一条信息:"既然你对机器人很了解,那么问题来了:你对扫地机器人了解多少?我真的需要一个扫地机器人来承担所有的清洁工作。但我刚刚读了一篇关于扫地机器人的评论,说它们还有很多需要改进之处。那也太糟了。"

这是真的:机器人几十年前就可以组装汽车了。但应付琐碎家务,它们现在还没做好准备。

荷兰消费者保护局已经得出结论,在使用一个扫地机器人之前,你必须把地板上所有的东西都搬开,因为它很难够到角落和边缘。机器人与传统吸尘器相比吸力更弱,并且在每一次使用后都需要被清洗。虽然扫地机器人是消费市场上最成功的日用机器人,但它在整个吸尘器市场中仍然只占很小的比例。

★
扫地机器人成为我们的家庭成员:有些人给自己的扫地机器人起了昵称。图为iRobot出品的鲁姆巴扫地机器人。

田 T

机器人在结构规则、可预测的环境中表现出色。这意味着，环境越不可预测、结构越不规则，它们就表现得越差。不幸的是，每一所房子——事实上，可以说每一个房间——都是独一无二的，所以对机器人来说，相比于清扫你家的地板，成为国际象棋世界冠军要容易得多。

尽管如此，扫地机器人还是提供了普通吸尘器无法提供的乐趣。人们给自己的扫地机器人起绰号，让猫在上面骑来骑去（这带来了一段段幽默视频）。当扫地机器人在没电前及时返回充电基座时，人们也会感受到片刻的欣喜。似乎当一个无生命的物体显示出"生命"迹象，人们就喜欢将各种想法和感受投射到它上面。

机械手臂深入供应链

能应对家务的机器人可能还在襁褓之中，但我们已经每天都在使用机器人处理过的物品。我们在网上买的很多东西，还有很多水果和蔬菜，都曾在物流过程的某个环节由机器人拿起。很可能是一个机器人给奶牛挤奶，之后加工成了你冰箱里的盒装牛奶。更有可能的是，你的汽车、洗衣机和智能手机都是由机械手臂组装起来的。

如果你曾在工厂或仓库里看到过机械手臂，你可能会对自己说："这个机器人只是一遍又一遍地重复同样的简单任务。"这种想法是可以理解的，因为我们很少考虑我们是如何操控自己的手臂的。如何喝一杯咖啡？简单。你看着这个杯子，把它拿起来，送到嘴边。

但当你不得不列出完成这件事所有必要的步骤时，就没那么简单了。首先，你必须看到杯子在哪儿。然后要规划你的动作。你的上臂、下臂和手必须相互配合做出正确的动作。然后，一旦碰到杯子，你的手必须处于刚刚好的位置，用刚刚好的力量抓住杯子——不要太用力，也不要太放松。接下来，你必须从桌子上拿起杯子，这也需要适量的力。如果不够用力，你就拿不起杯子。但如果你用力太猛，咖啡可能会飞出来溅到天花板上。最后，你必须把杯子送到嘴边刚刚好的位置。人类可以不假思考地完成所有这些工作，但如果想让机械手臂完成这些工作，我们必须给机器人去完成每一步的精确指令，或者给机器人编程，让它学会自己拿起杯子。

汽车工厂机器人之父——约瑟夫·恩格尔伯格

几十年来，机械手臂一直是机器人技术的主力，很大程度上这都要归功于美国人约瑟夫·恩格尔伯格

★
围栏内的机械手臂：代尔夫特理工
大学一个强大的机械手臂。机器人
在工业中大量使用。
本尼·莫尔斯

（1925—2015）的远见卓识。20世纪50年代，这
位物理工程师着迷于科幻小说作者艾萨克·阿西莫夫
的《我，机器人》系列故事，决定将自己的余生投入
到人们觉得枯燥、肮脏、危险的自动化工作中去。

1956年，他在一个鸡尾酒会上遇到了发明家乔
治·德沃尔。德沃尔两年前刚刚开发出第一个可编程
机械手臂，因此他们很快意识到彼此可以互补：恩格
尔伯格是一个更好的企业家，而德沃尔是一个更好
的技术人员。德沃尔将他的专利卖给了尤尼梅逊公

04　向人类伸出援手

司（Unimation），该公司由恩格尔伯格于1961年创立。公司随后推出了第一款商用机器人：具有传奇色彩的机械手臂尤尼梅特（Unimate），它是"通用自动化"（universal automation）一词的组合。恩格尔伯格认为机器人只要为人类工作就可以，他认为类人机器人没有任何用处，因为感觉它们提供不了什么有用的东西。

机器人技术的先驱者明白，只要我们能解释清楚，就可以让机器人做人类能做的任何事。因此，恩格尔伯格非常努力地去说服美国汽车行业，他的机械手臂可以实现他声称的所有功能，同时还可以为公司省钱。1961年，通用汽车在其铸造厂使用了第一个商用尤尼梅特机械手臂。起初，该公司对自己的第一个机器人过于怀疑，没有给予太多关注。过了几年，通用汽车才确定机器人在生产过程中发挥的作用。很快，其他的汽车制造商也都认可了机器人的作用。

尤尼梅逊公司是世界上最重要的机器人制造商。公司生产的尤尼梅特机械手臂，有60%用于汽车工业，为全世界的汽车执行注塑、点焊、喷漆工作。最终，汽车工业成为机器人产业背后的推动力。今天，汽车工业中超过一半的环节已经实现了自动化。机器人在汽车行业的成功很快推动其他行业也引进机器人，其中包括电子、金属、化工、塑料、食品加工等行业。

自20世纪60年代问世，到20世纪80年代初，工业领域的机器人数量已上升至大约6.6万个，此时工业机器人开始真正腾飞。到2014年，已投入使用的机器人估计有134万个，使用它们的主要是大型工厂。在这些工厂里，即使同最优秀的人类工人相比，工业机器人也能更精确、更迅速、更安全、更清洁、更经济地完成工作。它们的工作通常也涉及对人类有害的部分。我们应该感谢机器人为我们做了这么多工作，甚至从来没有请过病假。

今天，约瑟夫·恩格尔伯格被誉为"机器人之父"。1984年，在把尤尼梅逊卖给西屋电气（Westinghouse）之后，他开始研究下一个梦想：不用腿而用轮子的移动机器人。他预测，移动机器人不仅可以在医院里运送食物、药品、医疗器械，还可以帮助老年人做家务，维持居家生活。2015年，恩格尔伯格去世，享年90岁。他一生都是机器人领域的先驱。

最早的尤尼梅特机械手臂甚至没有安装摄像头。机器人要拾取的所有东西都必须按照编程放置在正确的距离和位置。多年来，机械手臂变得更结实、更灵活、更精致，最重要的是变得更可靠。一旦最终安装了传感器来"观察"周围环境，它们的应用潜力会大大增加。

即便在今天，世界上大多数机器人仍然没有躯干，没有腿，没有脸，只有一个机械手臂。大多数机械手臂有6个关节，可以快速准确地按照预先编程从

　　　　　　　　04　向人类伸出援手

位置A移动到位置B。

与类人机器人相比，机械手臂在外界看来可能很无聊，但影响却更大。在这一点上，约瑟夫·恩格尔伯格当初的判断是绝对正确的。

协作机器人将与人类一起工作

机械手臂还远远不够完美。传统的机械手臂又大又重，是不会发声的重型设备。事实上，它们力量很大，为了工人的安全，它们不得不在围栏后面工作。一个机械手臂旋转时发生的强力撞击可能会导致严重事故，所以人类不得不远离它们。但在过去几年里，机器人智能急剧发展，传感器不断改进，使制造出一种革命性的新型机械手臂成为可能：它轻便、易弯曲、易于操作，可以安全地与人类并肩工作。它们的名字反映出一种紧密的工作关系：协作机器人。

在协作机器人的发展过程中，机器人专家艾斯本·奥斯特加发挥了主要作用。他是2005年优傲机器人公司（Universal Robots）的联合创始人。如今，这家丹麦公司在协作机器人领域是全球市场的领导者。

奥斯特加组装人生中第一个乐高机器人时年仅4岁。当时他的父母在菲律宾参与一个水文项目。艾斯本父亲研究的一个课题是如何将电缆穿过管道。年轻的艾斯本觉得这项工作听起来非常适合用机器人来完成。所以他开始工作，把乐高积木拼成一个能拉扯电线的简易机器人。几年后，他开始用电脑做实验——这是从事机器人工作的理想配置。

但奥斯特加不仅仅是一个实干家，也是一位思想家。他热爱哲学，喜欢谈论几次技术革命如何在历史进程中改变人类生活。进入现代之后，技术革命始于18至19世纪，利用风车、水磨坊、农业机械实现农业机械化。然后，在19至20世纪，随着第一批蒸汽机引进，工业机械化随之而来，接着是电气化。第三次技术革命开始于20世纪六七十年代，那时计算机和机器人开启了工业生产自动化时代。

"通过三次技术革命，人们能够生产出大量相同的产品。这也就是所谓大规模生产。"奥斯特加在网络电话里解释道。他认为，我们正处于一场新技术革命的风口浪尖，可以灵活地组织生产流程，从大规模生产回归到个性化定制产品。在这里奥斯特加展示了他哲学的一面："在生产过程自动化之前，你去找一个鞋匠，他为你量身定做鞋子。鞋匠是手艺人，把自己的爱和热情投入产品中。我绝对相信，这对人们来说很重要。人们想要个性，希望得到特别关照。我们想要一张独特的桌子或一件特别的衣服，不是因为它更好，而是因为它是为我们私人定制的。"

奥斯特加认为，新一轮自动化革命会使个性化产品的生产和消费再次成为可能。"灵活的机器人将爱带回到我们的产品中。看看啤酒市场发生了什么。主流的啤酒酿造商把酿造的激情都舍去了，世界各地啤酒味道都一样。但在过去的10年里，新的酿酒机器让人们可以用新的、有创意的方式酿造啤酒，并且不需要自己经历整个酿造过程。当你在产品中加入更多手工元素后，人们甚至愿意为此多花点钱。"

奥斯特加认为，公司生产轻便、灵活的机械手臂，对工人来说是一种多功能器械。"他们可以轻松教会我们的机械手臂一些新技能，用平板电脑操作也很容易，而且使用起来很安全。我们主要为中小型企业供货。自从机器人进入市场，人们就为我们的机械手臂想出了各种各样的创意应用，甚至用于帮人们按摩、理疗、洗浴。人们坐在椅子上，机械手臂控制淋蓬头绕着他们冲洗。"

传统的机械手臂很难重新编程来执行一项新任务。由于使用直观的触摸屏控制，优傲的机械手臂很容易编程。将来，上班族将能像操作智能手机一样轻松地控制机器人。

如今，几乎所有的主流机器人制造商都跟随着优傲的脚步，将自己生产的轻便、灵活、安全的协作机器人推向市场。

2016年，协作机器人占据了工业机器人市场50%的份额，平均价格约为3万美元。专家预计，从2016年到2021年，协作机器人的销量将增长60%。这将给中小企业带来重大变化。目前，这些公司中大约只有10%使用机器人，但预计10年内，这个数字将增加到60%或70%。

亚马逊面临的挑战
是应对变化

处理变化是工业机器人的最大趋势。一个真正灵活的机械手臂应该能够处理完全不同的产品，应对环境变化，甚至应对重组的生产流程或新的质量标准。

以电子商务巨头亚马逊的仓库为例。1994年，亚马逊以在线书店起家，随后开始销售录像带和DVD。今天，你可以从亚马逊订购任何你能想到的东西：从泰迪熊到T恤，从玩具机器人到电话。亚马逊也是机器人技术的最大使用者和投资者。它的仓库里有成千上万的移动机器人，用来运送装载着各种产品的板条箱。它们沿着类似纽约街道的网格道路，纵横交错地在仓库中穿梭。自动驾驶的机器人会礼貌地给人让路，不会相互碰撞，并且在仓库物流流程中始终保持高效递送货物。

最终，机器人到达了工作人员这里，这个人将物品从板条箱中手动取出，扫描后把它们放进一个箱子里。是的，你没看错：拣货和包装仍然由人工完成。当然，亚马逊也希望机器人来做仓库的这部分工作，但它们的速度仍然太慢，而且在识别和挑选随机产品方面还不够好。

正因如此，亚马逊在2015年发起年度亚马逊仓库拣货大赛（2017年更名为亚马逊机器人大赛）。这场比赛的终极挑战是，以比人类更快的速度，从一个随机的仓库货架上取出随机的物品，并把它们放进盒子里。机器人事先不知道产品在货架上的位置，必须使用图像识别来找到它。然后，它必须考虑如何从货架上抓取产品，有时必须把另一个产品移到旁边才能够到后面的产品。机械手臂上装有一个真空吸盘抓手，可以夹住各种各样的产品，前提是这些产品不太重。

2016年，代尔夫特理工大学的一个团队赢得了比赛。获奖机器人从货架上取下一件产品并放进盒子里平均需要半分钟。在亚马逊的仓库里，人类可以在不到一秒的时间内完成同样的工作。人类还能够处理成百上千种不同类型的产品，而在2016年，机器人只能处理50种预先扫描的物品。不过，我们相信机器人超过最熟练的人类，更快、更可靠地抓取、移动随机产品，只是一个时间问题。

要做到这一点，机器人基础技术必须让机器人能够应对大量的变化。当今推动机器人技术发展的最重要趋势包括：不断增强的计算能力、更好更便宜的传感器、用于计算机视觉和机器学习的算法升级、日益互联的机器人、云计算、更轻更好的材料，等等。

这些趋势共同推动机器人能够在结构不规则、不可预测的环境中变得更加灵活有效，比如家庭、办公室、城市等场景。它们的潜在应用几乎是无限的。医院使用的运输机器人数量正在增加，仓库机器人、农业机器人、割草机机器人、扫地机器人也在增加，用于危险环境（甚至人类无法到达的环境）的机器人数量同样在增加，比如应用于灾区、深海、火星等环境中的机器人。

科幻小说作家亚瑟·C.克拉克曾经说过："当谈到科技的时候，大多数人高估了它的短期影响，而低估了它的长期影响。"机器人技术也是如此。在短期内，我们对机器人往往期望过高，但也往往低估了它们长期的巨大影响。为你做家务的家用机器人还有很长的路要走，但无人驾驶汽车已经快驶进你的车道了。

像一支芭蕾舞：
机器人汽车大楼

这个巨大的工厂车间可能是一部科幻电影的背景。几米高的橙色机械手臂优雅地摆动着，就像精心设计的芭蕾舞，几十个钢制汽车底盘在传送带上滑过。在这个工厂里，机器人移动起来就像一场奥林匹克同步焊接比赛。火花从焊接点飞溅到空中。底盘、轮井、门、车顶板、阀盖——一切似乎都是由机械手臂以毫米或毫秒的精度传递着。机器人把重达400千克的车身当玩具一样举起来。

在导游简·范·达尔的带领下，我们和其他30名好奇的参观者乘坐火车，参观了位于荷兰波恩的汽车制造商VDL Nedcar运营的工厂。

"底盘车间是整个公司自动化程度最高的部分，"范·达尔解释说，"这里99%的工作是自动完成的，使用了大约1000个机器人。说机器人只是接手人们的工作是不正确的。它们也会创造新的工作。此外，它们做的工作是人们不愿做的。焊接在过去是工厂里最艰苦的工作。"

自2014年以来，VDL Nedcar已经为宝马制造了 MINI Hatch、MINI Cabrio、MINI Countryman 3种车型。后两种型号甚至专门在波恩生产。2017年8月1日，宝马X1进入生产线。目前，共有

★
像一支芭蕾舞：在汽车工厂里，
众多机械手臂同时优雅摆动。
VDL Nedcar汽车工厂

来自33个国家的5500名员工在VDL Nedcar工作。多亏了机器人技术的发展，汽车厂才能在荷兰生存下来。如果没有机器人，荷兰的汽车制造业将变得成本过高，几年前就会转移到东欧或亚洲的人力成本更低的国家。

与此同时，火车已经前往喷漆车间。在那里，从底盘流水线上下来的裸露的钢铁底盘被清洗、去油、喷漆。因为喷漆车间需要完全无尘，所以我们不允许前去参观。唯一获准进入室内的是10000多根来自澳大利亚的鸸鹋羽毛。防静电特性使羽毛成为抛光打磨汽车的理想材料。

04　向人类伸出援手

一段正在播放的视频向我们展示了车辆如何被涂成不同颜色。范·达尔说："大约有60个机器人在喷漆车间工作。它们知道每个车身应该涂什么颜色。看看它们是怎么运作的，这一切看起来都很灵活。我已经为很多喷漆机器人编了程，每一次你都会发现它变得更好了一点儿。是的，编程是一门艺术，就像绘画一样。"

　　最后，我们乘车穿过装配大厅，这是生产线上的最后一个大厅。喷好的底盘从油漆车间转移到1.6公里长的装配线上。大多数人在这里工作（这里的机器人是所有车间中最少的）。叉车进进出出。几米高的货架上摆放着最近交付的零件。在这里，Nedcar的员工为每辆车安装近3000个不同的部件。只有最大和最重的部分是由机器人安装的，如前后排座位。在更精细的工作中，人类仍然不可替代，比如接线、装刹车线、装安全气囊以及绝缘材料。

　　每天，VDL Nedcar可以生产700到800辆汽车。范·达尔说："如果没有机器人，这个数字不可能实现。我们可以关掉工厂里所有的灯，机器人会以同样的速度工作，因为它们不需要眼睛。"

—

学习与人交谈

Hallo wereld

机器人的说话难题

站在桌子上的是一个60厘米高的人形机器人，叫作Nao。它是塑料做的，有一个头、两只眼睛、一个小嘴巴（不能动），但没有鼻子。它有躯干、两只胳膊和两条腿。Nao会说话，会听，会跳舞，还会玩游戏，比如"猜这是什么运动"的游戏。

"我将进行一项运动，"Nao说，"你能猜出这是什么运动吗？"

Nao模仿上下拍球的动作，眼睛向上看，假装把球抛向空中。

"篮球。"

"是的，回答正确。"

游戏继续进行。"你能猜出这是什么运动吗？"Nao弯曲着膝盖，移动着它的手，好像在用两根棍子推动自己。雪的嘎吱声从喇叭里传出来。

"滑雪。"

Nao摇了摇头："不，回答错误。这不是划船，这是滑雪。"

"但我说的就是滑雪！"

然而，Nao并不理解这句话。它并没有说："对不起，我误解你了。"它完全无视抗议，继续模仿下一项运动。

★
从不失去耐心的老师：Nao
机器人教荷兰小孩学英语。
保罗·沃格特

　　Nao有点像学究型白痴。这个机器人通过编程可以说几十种语言，背诵百科全书，但它与人交流还有困难。其实这并不一定是坏事，就让机器人成为机器人也不错，不一定要和人类完全一样。机器人可以犯错，我们应该欣赏它们比人类做得更好的部分：它们从不失去耐心，从不疲倦，拥有完美的记忆力，从不会心情不好。

　　Nao经常被用于教育领域，比如通过游戏让糖尿病儿童了解胰岛素和碳水化合物，帮助他们应对疾病。许多孩子喜欢用这种方式学习，有些孩子对机器人比对成年人更诚实。一些孩子甚至会送礼物给Nao来表达感谢。

　　　　　　　　　　　　　　　　　05　学习与人交谈

在与人类互动方面，机器人已经可以做到很多。但是，和机器人交谈仍不同于和人类交谈。首先，机器人必须能够识别我们的语言。它必须知道如何将语音同字词联系起来。同一个字，每个人的发音都会有细微的差别，但是机器人需要能识别出代表同一个字的所有不同声音。语音识别技术正在进步，但离完美还差得很远。

其次，机器人必须理解词语和句子的意思。要做到这一点，它必须了解语言的语法结构，了解词语、短语和整个句子的意思。机器人还需要了解世界，因为词语指代在现实生活中有意义的物体和概念。

它还需要知道人们在日常生活中如何使用语言，因为口语的确切意义往往与字典意义不同。当你告诉伴侣"客厅的灯开着"，你的意思可能是："请你在睡觉前把灯关掉好吗？"当你用某种语气说"这可太棒了"的时候，可能是在讽刺："我对此很不满意！"

再次，一旦机器人听懂了你的话，它就必须思考该说什么来回应你、该如何说话、何时说话。它必须像人类一样，用正确的语调、正确的口音和正确的节奏来发声。一个句子听起来不应该像一串简单的词语。我们人类不用刻意这么做，但是人类觉得自然的事情对机器人来说却完全不同。

最后，机器人必须面对语言不断变化的现实。新的词语出现了——比如"谷歌一下"，老的词语会消失——比如"cottier"（佃农）指的是住在农舍里的农村工人，而"coxcomb"（花花公子）指的是虚荣或自负的人；已有的单词会有新的意思——比如"cool"（酷）；新的语法结构和语录也会诞生——比如"现在的未来可不如以前的未来了"（The future ain't what it used to be），以及"如果我们打败你，你就不会赢"（You wouldn't have won if we'd beaten you）。

SHRDLU!机器人对话的第一个实验

在研究人类如何与机器人交谈的领域，特里·威诺格拉德的实验第一次有了突破。从1968年到1970年，他在麻省理工学院从事博士研究，在那里他开发了一个计算机程序，可以让用户使用自然语言与机器人交流。这个程序叫作SHRDLU，这是威诺格拉德编出来的一个毫无意义的单词。SHRDLU在电脑屏幕上呈现出一个虚拟世界，包括一个虚拟的机械手臂和桌子上简单的几何物体：彩色的积木、金字塔、各种形状各种大小的球，还有一个盒子。

用户可以用英语向程序发出命令，比如"拿起那个大的红色积木"，之后就可以在电脑屏幕上看到虚拟机械手臂执行了命令。

用户还可以询问有关方块的问题，比如"盒子里有多少块积木？"然后机器人就会给出正确的答案。

在SHRDLU中，用户还可以问需要基础物理知识的问题："一个金字塔能摞在另一个金字塔上面吗？"

起初，机器人会回答说："我不知道。"

然后用户可以让机器人试一试："把一个金字塔摞在另一个金字塔上。"机械手臂试图执行指令，很自然它会失败。然而，在这个过程中，机器人将学会一些新东西，随后会回答说，一个金字塔不能摞在另一个金字塔之上。

当SHRDLU问世时，它被视为人工智能领域的一个重大突破。威诺格拉德的实验表明，机器人可以理解一个简单的世界，并使用自然语言就这个世界进行交流。但是威诺格拉德很快得出结论，SHRDLU是没有出路的。SHRDLU之所以能够工作，是因为它的微型世界中只包含有限数量的简单对象，机械手臂能执行的命令数量也很有限。事实证明，这种方法不可能扩大到现实世界，因为现实世界有无数可能的对象和行为，要把它们简化成简单的规则往往很难。

洗手间被隐藏起来了：
翻译问题

保罗·沃格特是荷兰蒂尔堡大学认知与交流中心的副教授，研究人类与机器人的交流。他研究人类和机器如何在所处环境中确定语言的意义，以及人类和机器人学习语言的方式：不仅研究人类向人类学习、机器人向机器人学习，还研究人类向机器人学习、机器人向人类学习。

沃格特说："在SHRDLU的实验中，对话是事先编程好的。但现实世界太大了，无法编程。机器人要先能自己学习语言，才能理解人类的语言。我们人类一生都在一点一点地学习语言，在与周围世界的每一次互动中，我们都能学到一些东西。为机器人开发的学习模型只有在我们有大量数据时才能很好地工作。机器人需要通过大量狗的图片来学习如何识别狗，但在现实世界中，机器人会遭遇很多个第一次。所以机器人需要基于很少数据就能学习的模型，而这种模型我们现在还没开发出来。"

但是，虚拟个人助理呢？比如苹果的智能语音助手（Siri），或亚马逊的智能家居音箱亚历克萨（Alexa）。当我们想要了解天气预报或当天的日程安排时，我们不是在和它们进行基本的交谈吗？

沃格特说："电脑永远不会真正了解这个世界，

因为它们永远无法真正体验现实世界，最多可以了解虚拟世界。它们可以谈论咖啡，但它们不喝咖啡，也没有味觉。"

沃格特的博士生导师、比利时人工智能先锋卢克·斯蒂尔斯提到过这个问题："今天人工智能的主要限制是语义。现有的所有应用程序都基于对语义的回避。以自动翻译为例，比如谷歌翻译，程序不会试图理解所讲的内容，也不会用多种语言来表达它理解的内容。翻译基于在互联网上建立的多语种对照的语料库，将一段文字与同一段文字的其他语种相对应。这种情况非常普遍，有时还会产生奇怪的结果。"

一位荷兰餐馆的老板在洗手间门上挂了一块牌子，上面写着："TOILETTEN ZIJN VERSTOPT"（英语翻译为 TOILETS ARE CLOGGED，意为"洗手间堵了"），下面是谷歌的英文翻译：TOILETS ARE HIDDEN（意为"洗手间被隐藏起来了"）。

机器人与计算机相比有一个优势，因为它们有身体和传感器，可以在我们的世界里移动，与世界互动。原则上，它们也应该能学会理解我们的语言。

沃格特对此表示赞同："我确实看到了用普通人类语言与机器人交流的未来。我们的目标是让机器人能自己学会理解人类语言，而我们人类能以一种成熟、自然的方式与它交流。但我们还需要很长一段时间才能做到像和人类交谈一样地跟机器人交谈。目前，与机器人交谈的未来被描绘得过于乐观。"

沃格特解释说，人们通过观察周围世界的事物关系来发展语言理解能力。"人们通过做事情来实现这一点。我用瓷杯装咖啡，你用塑料杯装咖啡。装的东西相同，但杯子截然不同。此外，我们可以区分不同的物品，比如区分桌子和椅子。我们知道杯子可以用来喝咖啡，但也知道它们能用来做别的事，你生气的时候可以把咖啡杯扔到墙上。我们也知道杯子还有全新用法可以探索，例如可以在里面存放回形针。人们在与物质世界的互动中学会了这一切。"

那么到底是什么让语言对机器人来说如此困难呢？根据沃格特的说法，它需要机器人组合所有技能：观察能力、思考能力、行动能力。目前，机器人的传感器还不够好，学习模型也不够好，机器人身体的力学也还远远不够好，不能像人类那样轻松应对周围环境。我们还没有讲到感觉和情绪，这些会在下一章有所涉及。

只要机器人不能通过身体自然地感受这个世界，它就无法像人类一样，轻易地把一个单词和它在世界上指涉的意义联系起来。卢克·斯蒂尔斯这样描述："以门的概念为例。当你读到这个定义——空间中一个可以用门等物体关闭的入口，你可以形成一个门的观念，即使你以前从来没有见过门。机器人做不到。你可以给它看20个例子，但是当它面对一扇截

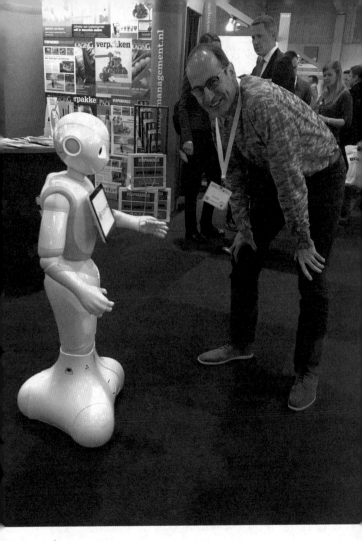

★
和一个机器人交流：作者本尼·莫尔斯和机器人佩珀。
伊尔马·德胡恩

然不同的门时，它就认不出来了。我们还能把行为和概念联系起来，比如打开一扇门。如果你不能用正常的方式来做这件事，比方说这扇门没有把手，我们就会找别的解决办法。但机器人还远做不到这一点。"

机器人老师
永远不会失去耐心

沃格特认为人类和机器人的自然交流有许多好处。在欧洲研究项目L2TOR（发音类似于西班牙语单词"el tutor"）中，他研究了机器人是否能帮助5岁的孩子学习第二语言。和其他许多教育项目一样，沃格特选择了Nao机器人。

在他的一项实验中，Nao试图教荷兰孩子学习动物的英文名字，方法是这样的："我用我的小眼睛偷看一下，它是一只……猴子。"与此同时，它还会做出类似猴子的动作。然后，平板电脑会显示4种动物的图片，包括一只猴子，孩子必须触摸正确的图片。如果孩子选对了，Nao会说："做得好。"

沃格特说："我们对80个孩子进行了这项实验，结果表明，对他们来说，这是一种学习英语新单词的有趣方式。甚至，孩子们从机器人身上学到的东西似乎比从书本或平板电脑上学到的还要多。这个实验基于一个假设，人类已经进化出了与其他人相处的能力。在学习一门语言时，另一个人的存在很重要，哪怕是个机器人。"

沃格特补充说，真人教师仍然比机器人教师好。"机器人并不是用来代替人类的，而是当人类没有时间，或者需要同时教很多孩子的情况下，机器人可以成为一个附加工具。在我对未来的设想中，老师可能会对一个觉得传统形式的课程太难或者太简单的孩子说：'你为什么不跟机器人练习半个小时呢？'然后机器人就能认出这个孩子，知道这个孩子目前的水平、他上次上了什么课。机器人从不会觉得累，也不会失去耐心，它能准确记住每个孩子进步了多少，并能根据学生的个人情况准确地调整课程。"

然而，沃格特在这个简单的实验中遇到了一些障碍。例如，机器人的语音识别功能不能用于年龄较小的儿童。"我原以为情况已经有所改善，但结果令人失望。语音识别对成年人来说相当有效，但对小孩子来说就有问题了，因为他们说话的时候经常不符合语法，会使用意想不到的单词，而且发音也会出错。为了弥补这一缺陷，语音识别软件需要大量儿童语言的数据，而我们目前还没有这些。"

由于机器人的语音识别能力还不能应对这一挑战，孩子们只能在听到英文单词"monkey"（猴子）的时候触摸平板电脑上的猴子图片，而不是对机器人说"monkey"。

第二个问题是机器人的发音方式。"对机器人来说，正确识别字和词的重音很不容易。另一个听起来不自然的地方是两个词之间的停顿。一个小的区别会造成很大的差异。当机器人说话不自然时，孩子们会立即注意到。我们正在和机器人的软件研发人员合作，让它们说话更自然，但这比很多人想的要复杂得多。"

第三个问题与机器人的可预测性有关。沃格特说："一开始，孩子们觉得和机器人说话很有趣，很令人兴奋。但当孩子们听到它一遍又一遍重复着同样的话：'我用我的小眼睛偷看一下，它是一个……'我们注意到孩子们开始厌倦了。机器人可能很有耐心，但孩子们没有。在某种程度上，这种吸引力会逐渐消失。"

因此，机器人需要能够即兴发挥，确保我们人类

★
开发一种机器人语言：像人类一样，机器人可以对外部世界分类并创造自己的词汇。
卢克·斯蒂尔斯

能够与它们建立起社交情感纽带。或者，正如研究人类与机器人互动的研究员盖伊·霍夫曼所说："相比于国际象棋选手，机器人得更像演员或音乐家。不完美的机器人对我们来说是完美的。"

机器人已经学会了与其他机器人交流

人类想要教机器人语言，是因为我们想轻松地和它们交谈，就像和我们的同胞交谈一样。这样，我们就可以用日常语言给它们指令，而不是按下按钮。但是机器人能发展出自己的语言，根据它们对这个世界的看法来谈论对它们来说重要的事情吗？沃格特和斯蒂尔斯合作研究这个问题。

沃格特说："我们这样做主要是为了研究语言在人类进化史上是如何发展的。例如，我们把装有光传感器的机器人放在一个有4个光源的盒子里。然后它们根据预先编好的基础程序在盒子里绕圈。这些机器人还可以交换它们感知到的世界的信息。过了一段时间，它们为每种光源发明了单词：'huma'代表一种光源，'kyga'代表另一种光源。这个实验表明，机器人开始对外界进行分类，就像人类一样，尽管每个机器人大脑中对光源的描述略有不同。"

这类研究距离实际应用还有很长的路要走，但确实引发了人们的想象。沃格特说："如果我们给机器人装备人类没有的传感器，比如红外线传感器或超声波传感器，那么它们就能观察到人类无法用语言描述的世界。在人类无法到达或需要付出巨大努力才能到达的环境中，这应该很有用，比如火星或海底。你可以想象，在这种极端情况下，机器人可能会发展出自己的语言，并用这种语言彼此交流。"沃格特笑着补充道："但是机器人可能认为直接在大脑之间交流比通过语言交流更容易。"一个机器人可以将大脑中的想法和感受用0和1表达出来，直接发送到另一个机器人的大脑，而不需要先把这些0和1转换成口语。

无论机器人是发展自己的语言，还是仅仅用语言与人交谈，语言都不仅仅是交流。语言是文化演变的基础。用语言向另一个人讲解新事物，另一个人学习的速度要比自己找资料学习的速度更快。语言激发创新和创造能力，使抽象概念的交流成为可能。如果我们让自己的思想自由发挥，可以想象这样一个未来：机器人用自己的语言彼此交流，发展它们自己的文化，还纳闷为什么人类几乎无法理解它们的话："Klaatu barada nikto."（赶紧搜一下这是什么意思！）

制造一个顽固、
烦人又健谈的机器人

你可能知道动画师兼视频艺术家乔·路易登，他在视频网站上发布了"愤怒的小鸟和社交平台如果出现在20世纪80年代会是什么样子"的视频。但是在大部分空闲时间里，他都在制作一个机器人。作为一名语言学家，路易登最感兴趣的是他的"Jobot"语言界面。

"我把这个机器人项目当成一个爱好，一发不可收。唯一目的是看看我是否真能做到。"我的目标不是制造一个复杂的机器人。"我的机器人必须让人们发笑。它必须是一个不可救药的、顽固的、令人恼火的、喋喋不休的机器人，在谈话中掌握一切话语权。它会是一个你绝对不想在超市碰到的邻居。"

20世纪80年代，路易登自学了BASIC编程。从那以后，他开始研究各种有创意的计算机程序，通常关于声音和音乐，但最后他决定不学习计算机科学。"我几乎没有真正完成过一个项目。也许是因为我有太多想法，当我开始下一个项目时，上一个还没有完成。一旦编程变得太难，我就不想继续做了，可能这也是一个原因。"

今天，他花了很多时间编程，调整他的机器人。"我现在比年轻时更有耐心了。现在编程也更容易了，因为你可以使用操作系统内置的一些功能。现在，你在编程时可以调用Windows内置的语音识别工具和语言合成工具。"

路易登用可视化BASIC语言为机器人编写了程序，附带一个文本文件，指示机器人应该如何对特定输入做出反应。"为了让程序看起来更智能，我内置了庞大的语料数据库，预先录入大量语句素材和用于回应的语句。在我的实验中，这比真正的人工智能更重要。就像讨厌的邻居一样，我的机器人也不善于倾听，这可能会让它看起来更真实。如果机器人可以说很多话，就会显得更聪明。我还希望机器人能自己提出话题。我注意到，大多数机器人，无论是业余机器人还是专业机器人，都从不主动开口交谈。这是人类才会做的事。我的机器人会选择一个随机数，这个随机数与数据库中的一个主题相关联，所以这个机器人可能会突然开始谈论一个完全无关的事情。这一点和我很像。"

路易登使用了一些小技巧让机器人看起来更善于交流，比如"冷读术"。"我想在程序中加入'预言'这类技巧。有时它们可以通过一些非常聪明的提问了解很多信息。例如，如果有人30多岁，很有可能他们不知道该如何生活。他们拿到学位，独自生活，就会

★
烦人而又健谈：
乔·路易登想让
Jobot表现得像
个讨厌的邻居。
乔·路易登

099

想：生活就是这样？面对这种情况，机器人可以说："我感觉有时你不知道该如何生活。你什么都有了：一份工作、一间自己的公寓和一段感情。我说得对吗？别担心，你的迷茫终将解决。'如果机器人猜对了，那说明它也有社交技能。"

路易登还自己制造了机器人的硬件。"机器人的身体是一个铝制外壳，头部是一个亚克力圆顶。它看起来有点像 R2-D2。"机器人配备了摄像头、扬声器和麦克风。两个灯安装在亚克力圆顶下。路易登说："我安装这两个灯是因为机器人看起来好像没有眼睛。在圆顶下很难看到立体摄像机。灯有两种功能：通过它，人们知道该往哪里看机器人，这便于面部识别；当灯亮的时候，表示相机也在亮着。"当机器人听到声音或说话时，其他灯也会发光。"去年，我下载了一个软件，可以把我自己的声音数字化，所以 Jobot 一直用我的声音说话。但我最近一直没有时间做这个项目，因为我正在照顾一个真正有血有肉的婴儿。"

几年内，我们家里会有一个机器人吗？"这取决于你如何定义'机器人'。我认为智能冰箱、智能咖啡机、无人驾驶汽车等类似的东西将会变得非常普遍。就在今天早上，我的咖啡机提醒我，必须清理它的一个部件。在我小的时候，这种情节只有科幻电影里才会出现。"

机器人有情感了

Puur op gevoel

情感机器人鼓励
人类与它们互动

我们都很熟悉书和电影中塑造的那些有情感的机器人。《星球大战》中神经质、爱发牢骚的C-3PO比它的人类同事更情绪化。电影《她》中的人工智能操作系统萨曼莎说它爱上了主人公西奥多。情感机器人最好的例子是《银河系漫游指南》中的马文,它长期抑郁。情感机器人通常很幽默,但也可能让人毛骨悚然:《银河系漫游指南》中有快乐的滑动门,享受着为人们服务的乐趣,打开和关上时会伴随一声自我满足的叹息。

一个情感机器人?饶了我吧!希望将来等待我们的不是超市里发出呻吟的门。给现实中的机器人添加情感功能会让人很快产生不好的联想:扫地机器人会和你吵架,工厂机器人会因为不知疲倦地付出却得不到赏识而组织罢工,无人驾驶汽车会在发生事故后不敢在高速公路上行驶。

不,不是每个机器人都需要情绪。对一个简单的扫地机器人或自动门来说,情绪没有什么实用价值。但对某些机器人来说,情绪可能就有用了:例如,一个机器人能够识别你的情绪,并适应你并不理性的需求。如果护理机器人能注意到你正在发脾气,还端来一杯茶让你高兴起来,那该有多好啊!

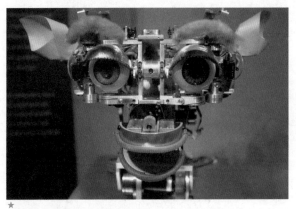

★
面部表情：辛西娅·布雷西亚设计了
Kismet，这是第一个可以表达情感的
机器人头。
本尼·莫尔斯，麻省理工学院博物馆

　　能表达情绪的机器人看起来更真实、更活泼、更
有说服力、更受人类欢迎。能够对用户的情绪状态有
所反馈的机器人——对用户高兴和难过产生共情——
会更受欢迎。对教学机器人来说，能够识别情绪也很
有用。当它注意到学生感到无聊，或很感兴趣，或是沮
丧时，就能根据这些不同的情况调整自己的教学风格。

　　辛西娅·布雷西亚是麻省理工学院社交机器人
领域的先驱。从20世纪90年代起，她就开始研究人
与机器人的互动。2000年，她制造了机器人Kismet，
这是世界上第一个可以表达情绪的机器人脸。布雷西
亚说："我研究的是人工智能如何为人类的繁荣做出贡

献。要做到这一点，情绪和人际交往是必要的。然而，这并不意味着机器人要取代人类。为什么情绪和人际交往是必要的？因为我们是社会性动物，我们想要归属人类社会，得到人们的欣赏，感到自己有用。你是人类，而不是机器人，这一点很重要。但这并不意味着你不能拥有一个为你的生活增添价值的机器人。"

20世纪90年代，布雷西亚在麻省理工学院攻读博士学位时，研究人员很少想到社交或情感机器人。"当时，对自主机器人的研究只涉及与人们日常生活相去甚远的事情。1997年美国国家航空航天局把索杰纳（Sojourner）探测器降落在火星上，那一刻我开始认真思考这个问题。我们把机器人送到危险的地方，甚至是火星上，但我们家里仍然没有机器人。这是为什么呢？"

过去的20年发生了很多变化。2014年，布雷西亚展示了她新研制的伴侣机器人Jibo的样品，这款机器人在不久后上市。Jibo看起来像一个胖乎乎的台灯，用一个圆形屏幕当脸，还有一个半球形的头。它的特点是配备了一个具有面部识别功能的摄像头，而且还听得懂语音指令。布雷西亚说："今天，我们对社交机器人有了更多了解，明白什么时候我们会觉得自己参与了互动，为什么觉得自己参与了互动。但我们也有更好的互动模式，比如教育、医疗保健、照顾老人……我们更了解人类与社交机器人互动时的心理，以及这与屏幕互动的不同之处。想象一下，你可以制作一个机器人来教孩子读书写字。研究表明，当机器人表现出恰当的情绪和社交行为时，孩子可以学得更好。"

布雷西亚的团队已经投入了大量精力为 Jibo 建立流畅的动作行为，让它表现出人类熟悉的"身体语言"。"从社交角度来看，身体非常重要。我们的大脑已经进化到可以通过身体与他人交流，我们的思维也适应了这一点。而与屏幕互动则达不到这样的深度交流。"

可以了解你感受的
机器人

在进化的某个阶段，人类发展出了情绪。我们不知道确切的时间和进化方式，但很有可能，情绪是伴随认知能力一起进化的。简而言之，认知负责观察和条理化我们周围的世界，而情绪帮助我们评估这个世界，判断眼前的情况是好是坏，并给出应对的决策。情绪会带来一种本能的反应，这种反应促使我们行动更快：你会因为害怕危险而逃跑，也会因为饥饿而去及时寻找有营养的食物。

虽然我们可能认为思考和情绪是对立的概念，但其实不是。它们关系密切，并不断相互影响。例如，中过风的人对情绪的感受会不如以前强烈，而且似乎做决策要花的时间会比以前更长，做出的决策也不如以前明智。情绪可以帮助我们做出选择,这对机器人来说也很有用。即使不考虑与人类互动,情绪也能帮助机器人在复杂、不可预测的环境中更好地发挥作用。

人类伴随情绪生活了如此之久,所以我们非常擅长解读面部表情。当贝多芬失聪很长一段时间后,他声称可以从音乐家的面部表情看出他们是否正确诠释了他的音乐。当然,情绪会因人而异,也会因文化而异。有些人的脸看起来总是在生气,有时我们称其为"天生臭脸"。而在东南亚,当你感到悲伤或尴尬时,微笑是相当正常的。

研究人员报告说,虽然人类的表情十分复杂,但计算机在识别情绪方面取得了积极的成果:计算机非常擅长从语言、面部表情和心率等身体特征中判断人的情绪。它们并不完美,但在识别情感方面几乎和人类一样出色。为了从人脸照片中识别情绪,计算机使用了与计算机视觉相同的技术。极快的相机甚至可以识别极细微的表情:那些微小的面部表情只持续几分之一秒,却是某些无意识或潜在情绪的信号。

除了机器人技术,情绪识别在其他许多领域也很有应用前景。比如安全方面,有一种可以监控攻击行

★
理解人类心理:一款能看、能听、能说、能学习的社交机器人。
Jibo 公司

为的摄像头。此外还有一些商业应用：或许未来的电视能识别出你的愤怒和无聊，了解你的观看偏好。公司也乐于分析用户，看人们在社交媒体上对其评论是否正面。

为什么我会害怕？
理解人类情感

要创造出有情绪功能的机器人，就得对人类不同种类的情绪进行清晰定义，这对研究人员来说是一个挑战。对于人类拥有哪些基本情感，心理学家并不能达成一致意见，因为人类情绪的光谱十分复杂，而且因人因文化都有差异。最常见的基本情绪分为愤怒、恐惧、厌恶、惊讶、喜悦、悲伤。但情感机器人的制造商往往着眼于更广泛的情感模型。一种常用的模型将情绪划分成不少于22种类型，附带各类情绪特征的简明列表。

例如，该模型将"恐惧"定义为"不希望发生的事件却可能发生，因而产生的消极情绪"。"恐惧"情绪的强度取决于两个特征：事件不受欢迎的程度，事件发生的可能性。理论上，你的扫地机器人可能会害怕从楼梯上摔下来——这对它来说是不希望发生的事情，但实际上它不会有这种恐惧，因为它的传感器非常好，所以不太可能摔下去。这些是相对简单的规则，因此对机器人大脑的编程很有用。

那么机器人真的有情绪吗，还是仅仅根据一些情况或规则得出它应该有情绪这种结论？这是一个更为复杂的问题，涉及意识、肉体和人性。有情绪，或者说感受到情绪，到底是什么意思？一个人在多大程度上需要依赖肉体才能拥有情绪？机器人的身体可以同样拥有情绪吗？

我们人类有一种能力，能赋予物体个性和情感：计算机可以"度过糟糕的一天"，咖啡机在工作中有"自己的想法"，这株植物现在"需要听一些亲切的话语"，之后它就可以像其他植物那样热情地生长在窗台上。同样的道理也适用于机器人：我们很容易就相信它们真的有情绪。

帮帮我！
我的机器人看起来
很生气

大卫·汉森这类研究人员试图制造类人机器人脸，尽可能真实地表达情绪。这并不容易。因为人类的脸上有几十块肌肉，任何一个看过演技糟糕的电影的人都会告诉你，准确模仿面部表情十分困难。汉森只在机器人上模拟出最重要的肌肉，这意味着这个机器人的面部表情不是特别真实。

为了避免挑战模仿人类面部表情，许多研究人员使用肢体语言来表达情绪：用垂头丧气表示悲伤，用摊手耸肩表示惊讶恐惧。就像Nao和阿西莫，许多类人机器人主要通过肢体语言来表达情感，而非面部表情。这似乎很有效：我们可以更好地理解机器人，如果它们能通过身体语言表达情绪状态，就会显得更有说服力——不管它们是否真的有什么情绪。

辛西娅·布雷西亚认为，机器人并不一定要看起来像人类才能表现得友好和迷人，甚至它们的情感表达也不一定要近似人类。"不一定需要面部表情。我们可以从各种迹象中读出情绪和态度。人类在这方面特别擅长。这就是为什么我们看狗的表情就能理解它的感受。"机器人表达的情感不那么刻板的话，也容易摆脱恐怖谷效应。

布雷西亚还从历史底蕴丰厚的动漫作品中获得灵感。"我的机器人没有一个长得像人。我们不喜欢那些长得很像但又不是人类的形象。我们与人类交往，与小猫小狗也同样交往。我们都是伴随着非人类角色的故事和卡通长大的。这种关系很特殊。"我们在故事中学到的另一件事是，机器人不一定要完美。"最有趣的角色都着着'完美的缺陷'，而这正是我们与之发生共鸣的原因。"

让我们回到Kismet机器人，也就是布雷西亚在2000年制造的机器人脸。Kismet有脖子和头部，置于一个金属盒子上。这个机器人脸上有大眼睛、毛茸茸的眉毛、像猪一样的耳朵和嘴巴。Kismet的面部表情由布雷西亚开发的"动机系统"决定，在这个系统中，Kismet的立体摄像机接收视觉输入信号，将其转化为它所表现的情绪。

Kismet的情感发育在婴儿水平。布雷西亚说："在我看来，这是一个合理的起点。婴儿的大脑和情感还没有完全发育成熟。"Kismet对周围发生的事情可以给出本能的反应。你可以和它一起玩，在它面前拿着积木，或者移动积木让它开心。但如果你移得太快，或者把积木离它的脸太近，它就会感到害怕或者生气。另外，如果没有互动或互动太少，它会感到厌烦，开始耷拉着眉毛和耳朵。

制造Kismet目的是与人交流，但它看起来一点也不像。这并不是布雷西亚的本意，她开发Kismet的主要目的是研究人类和机器人如何互动。"Kismet被开发出来时，它是世界上第一个社交机器人：第一个真正为了与人面对面互动而设计的机器人。这就提出了这样的问题：你怎样赋予机器社交智能？"

因此，我们要理解机器人，机器人的面部表情和肢体语言看起来不一定非要像人类。你还可以用更简单的方式来思考。例如，像马尼托巴大学的研究人员所做的那样，给扫地机器人装上尾巴。一个扫地机器人当然不会引发人们什么情绪，但既然人们已经习惯认为宠物有情绪，研究人员可以非常简单直观地展现机器人的状态。受测者可以毫无障碍地理解扫地机器人摆动或低垂尾巴是在表达什么情绪，不论他们有没有养宠物。

与你的机器人
建立联系

辛西娅·布雷西亚认为，与机器人建立长期而密切的关系是一项重大挑战。"人类与机器人的紧密互动至关重要。这将是社交机器人的'杀手级应用程序'。"实现这一点是布雷西亚为她的新机器人Jibo设定的目标之一，但她承认还有很多别的目标。"Jibo是这类产品中的第一款，这项技术还需要进一步发展。如何与人工智能生物建立关系？在可预见的未来，这仍是一个挑战。要做到这一点，我们必须彻底了解人们是如何理解和解释彼此行为的，以及我们如何从行为中判断他人的精神状态。只有这样，我们才能制造出真正理解我们的机器。"

但在实现人与人彼此充分理解这一目标的过程中，已经有了各种各样更好理解的其他关系，布雷西亚解释道："我们人类身处各种不同的关系中。例如人与狗的关系，我们现在知道是怎么回事了。我也理解我与设备和技术的关系，这是一种效用关系。但是我们仍然不能完全理解人类和机器人的关系。这与我们和另一个人的关系不一样。人的每个个体也会有很多不同：一些人在对待机器人时更加犹豫疏离，而另一些人则能全情投入。我们必须确保机器人能够处理这些不同。"

　　布雷西亚曾经遇到一个孩子，他给一个机器人买了礼物。这很奇怪吗？"一点也不，这样做没有什么错。孩子很清楚那是一个机器人，但这是同情心的练习。通过这种练习，技术可以帮我们培养对待他人更加仁慈的能力。根据研究，我相信这是可能的，这项技术还可以帮助我们建立与他人的联系。我称之为'温情技术'。这样的机器人不仅仅对用户是友好的，实际上它对所有人都是友好的。"

HitchBOT：
一个环游世界的
社交媒体明星

搭便车旅行是一种危险的旅行方式，但在2014年至2015年，加拿大研究人员弗劳克·泽勒和大卫·哈里斯·史密斯让他们的机器人搭便车环游世界。

泽勒和史密斯对"文化机器人"很感兴趣：研究人们在最不需要机器人的地方对机器人的反应。泽勒说："它告诉我们，人类在社会中如何看待机器人和人工智能。我们想用这种方法来思考安全的概念，所以设计了一个搭便车的机器人，它可以和载上它的人交谈。你经常听到人们问，我们是否可以信任机器人，但我们想把这个问题反过来：机器人能信任人类吗？"

泽勒解释说，机器人必须看起来可爱又可靠。"如果不信任机器人，你就不会带上它。机器人必须可爱，看起来需要帮助。这就是为什么我们把它做成孩子那么小。它甚至需要自己的宝宝座，这样你可以把它固定在车里。"司机们可以载上HitchBOT，带着它往前走一段时间，然后把它扔在路边。

除此之外，HitchBOT只能在推特上发布它的位置和照片，进行简单的对话。"它主要的特点是友好而有趣。首先，我们想把它变成一个书呆子，就像喜剧

　　　　　　　　06　机器人有情感了

★

自由奔放的旅行者：HitchBot在
阿姆斯特丹拍摄的照片，它迅速
成了社交媒体明星。
大卫·哈里斯·史密斯

《生活大爆炸》里的谢尔顿那样。但到最后，我们没有
足够的预算来安装一个先进的人工智能，当然我们也
意识到，人们可能不会想和谢尔顿坐在车里超过一个
小时。"

HitchBOT很快在社交媒体上走红。"甚至在
HitchBOT完成之前，我们就开始用它的账号发推
特了，有一次我注意到我们已经有了100个粉丝。那
真的很棒！后来，《大西洋月刊》的一位编辑发现了我
们，写了一篇文章，然后这个机器人真的火了。"最

终，HitchBOT在社交媒体上拥有了近5.5万名粉丝。"传统媒体很快就报道了它，我们挺幸运的：那是一个新闻淡季，我们这个话题又感觉不错。真的没有想到它会这么受欢迎。"

HitchBOT穿越欧洲和加拿大，旅行了数千公里。它甚至还在阿姆斯特丹大坝的运河上搭了一艘船。但当它到达美国时，旅程结束了：2015年8月，人们在费城的一条小巷里发现了这个机器人，它已经坏得无法修理了。泽勒说："首先，我们感到震惊和悲伤。开始这个项目的时候，我们当然想到了如果HitchBOT被毁坏我们该怎么做。这只是项目的一部分。但这个项目如此成功，我们在世界范围内获得了这么多关注，突然间我们不得不进入危机沟通模式。最后，我们写了一篇类似讣告的文章。在克服了最初那段时间的震惊之后，我们提醒自己这是项目中很自然的一部分。但说实话，我们真的很想念它。我们再也不会收到它的推特和照片。公众的反应确实帮助了我们，有那么多的人表示同情。他们告诉我们，读到这则新闻时他们哭了。费城市长甚至联系了我们。人们也得到了很多灵感：他们给我们寄来连载漫画、歌曲、照片和HitchBOT的主题服装。"

所以，最后的结论是什么？机器人能信任人类吗？泽勒毫不怀疑地说："绝对可以。我们不知道在费城到底发生了什么，但那不重要。最重要的是有成千上万支持HitchBOT的人。在周游世界的过程中，HitchBOT成了希望、合作、信任的象征。这个项目表明，技术帮助我们彼此走近。你可以把它比作电话：起初，人们不希望它出现在家里，但最终它成为我们联系彼此的重要方式。也许机器人也是如此。"

07

人类需要机器人，
机器人也需要人类

Help eens een handje

认识机器人
心理学家

在短篇小说集《我，机器人》中，科幻作家艾萨克·阿西莫夫塑造了一个重要角色，机器人心理学家苏珊·卡尔文——"新科学的第一位伟大实践者"。当机器人的行为与预期不同，机器人心理学家就会被叫来帮忙。阿西莫夫的机器人是为人类服务的，但它们有自己的个性，经常在机器人的道德法则中发现意想不到的漏洞，但依照编程它们又必须遵守。在故事中，苏珊·卡尔文是一个缺乏幽默感的书呆子，她与机器人的相似之处多于人类："我自己也被称为机器人。"当被问及机器人和人类是否有那么大的不同时，她回答说："人与机器人生活在不同的世界。机器人的本质是好的。"这位虚构的机器人心理学家的工作是理解人类和机器人的复杂互动。

机器人心理学家听起来像是一个未来职业，但现在有几个人正做着类似的工作，比如美国人高山莱拉和安珀·凯斯。凭借认知心理学家的专业背景，高山研究了人类与机器人的互动。她在加州经营Hoku实验室。在那里，她代表机器人制造商研究人们如何在实践中应用机器人。《麻省理工科技评论》将她列入了35岁以下的35位最佳创新者名单。高山也位列"机器人领域你必须了解的25位女性"之中。

安珀·凯斯自称是赛博格（cyborg）人类学家。她坚持认为，我们每天密集地使用智能手机、平板电脑、台式电脑和机器人，已经让我们都变成了赛博格。凯斯在著名的麻省理工学院媒体实验室和未来公民媒体中心工作，在那里她研究人们如何处理包括机器人在内的数字技术。她经常在科技会议上发表演讲，并著有两本书：《赛博格人类学插图词典》（*An Illustrated Dictionary of Cyborg Anthropology*）和《构建宁静技术》（*Designing Calm Technology*）。

我们采访了安珀·凯斯和高山莱拉，意在探讨人类和机器人协同工作的最佳方式，以及这对机器人的设计有什么影响。

夸大的广告
还是超出预期的产品

高山莱拉与苏珊·卡尔文似乎刚好相反。她开朗、友好，经常大笑，很有幽默感。但是她不喜欢科幻小说。"我觉得科幻小说太男性化了。对男性和女性的形象刻画往往很刻板。我很小的时候就对它失去了兴趣。"

在加州的一次招聘会上，高山遇到了来自机器人公司柳树车库（Willow Garage）的员工，这家机器人PR2的制造商已经倒闭了。在谈话中高山意识到，她的公司需要一位心理学家来研究用户和PR2的互动。

被要求设计远距临场机器人时，她就爱上了机器人，"因为这种远距临场机器人是用来帮助两个人实现互动的，所以这个机器人必须尽可能隐形"。

远程临场机器人差不多就是一个联网的平板电脑屏幕，安装在支架上。它有两个轮子，就像一台电力代步车。比如，如果你不能亲自参加会议，有了远距临场机器人，即使你身在其他地方，仍然可以参会。你的脸会显示在电脑屏幕上，你可以看到现场情况并参与讨论，甚至在随后的招待会上你可以在客人中四处走动。

高山说："在设计远距临场机器人时，你会面临这样的问题：它应该有多高？它应该长什么样子？这些就是我研究的问题。"大约在同一时间，《生活大爆炸》剧组找到了她，因为剧组想在电视剧中使用远距临场机器人。结果就出现了现在著名的"Shelbot"（谢尔顿机器人）。

从那以后，高山花了近10年的时间研究人类和机器人的互动，她得出了一个十分确定的结论："机器人领域有一个传统，那就是承诺太多，兑现太少。我们得到承诺，一个机器人可以帮我们做所有家务，但目前我们得到最好的就是一个扫地机器人。"

根据高山的说法，机器人开发者应该更诚实地说出他们的机器人能做什么，做不到什么。例如，她研究了人们最开始使用的恐龙机器人玩具Pleo。Pleo的行为设计模仿了一只一周大的小恐龙。它能听、能发出声音，还能走路。

在她的实验中，一些用户被告知："Pleo在想法和感受上和你一样多变。"另外一些人则不会有那么高的期待值，他们会被告知："这个机器人理解和交流的能力有限。"然后，用户有机会和机器人一起玩。他们和玩具恐龙说话并观察它的反应。

高山发现，期待值较低的用户比一开始期待值较高的用户体验满意度更高。她将这一结论推广于一般的机器人。"对机器人的期待要切合实际，这一点至关重要，绝对不要承诺太多。你能做的最好的事情就是少承诺、多兑现。"

高山认为，一个长相接近人类的机器人会将人们的期待值拉到机器人不可能达到的程度。她说："机器人服务于人类，并不意味着机器人的长相也应该接近人类。"

除了对机器人的期待要更切合实际外，她还认为机器人应该更善于表达它们在想什么。"假设一个机器人走向一扇门，然后站着不动。附近的人都不知道它要干什么。它是在考虑如何开门，还是在想别的事情？机器人活动在我们的世界里，所以它们应该适应我们，而不是我们反过来适应它们。很容易想象，当它看着

★
就像你在房间里一样：远距临场机器人
可以让你远程交流，甚至可以"参加"
会后的招待会。
http://flickr.com

门时屏幕上可以出现文字，表达它的思考内容。人们可以清楚地知道，它正在考虑如何打开大门。"

硅谷乌托邦
VS
宁静技术

与高山莱拉相比，赛博格人类学家安珀·凯斯更精通科学知识。事实上，凯斯认为，要想了解当今人类如何与机器人打交道，我们就不能忽视科幻小说创造的机器人的集体神话。"显然，在20世纪早期，人们对伴随工业革命产生的机器有强烈的人格化需要。这种'人格化'以机器人的形式出现，它走路像人，说话像人，行动像人。类人机器人是科幻书籍和科幻电影的遗产。"

凯斯说，科幻小说的遗产已经让我们对机器人期望过高。"我们的身体会经历出生、成长、变化、最后死亡的过程，这一事实将永远把我们与机器人区别开来。"她坚定地说，"事实一直如此。"

和高山一样，凯斯也认为机器人开发者应该设定更切合实际的期待。"他们需要说清楚：这些是我们机器人的局限所在。然后应该回答用户，如何在这些限制范围内最大程度地利用机器人。那些人类自己可以做得更好的工作，就不应该制造机器人去做。机器人服务员？我认为成不了。社交类的工作，比如聊天和微笑，还是人类做得更好。"

凯斯是"宁静技术"概念的拥护者。"宁静技术"指的是那些不会一直把自己推荐给别人的技术。许多智能手机应用程序，设计得尽可能长时间地占用我们的注意力。宁静技术则尽可能不打扰别人，让人类过上自己想要的生活。"在21世纪，注意力是最宝贵的商品。这就是为什么宁静技术不要求我们全神贯注，只在最必要的时候占用一点点注意力。"

她最喜欢的例子是水壶。"你把水放在水壶里，然后离开去做别的事情，等到水开了，它就会提醒你。你不必一直在水壶旁边等。"

说到机器人，凯斯认为扫地机器人和机器海豹帕罗（Paro）是宁静技术的优秀案例。帕罗被用作治疗护理机器人，帮助失智的老年人。"它们都会恰到好处地给用户一些反馈。扫地机器人完成工作时会发出欢快的声音，卡住时会发出悲伤的声音。这让它很可爱。机器海豹不会做出照顾老人的姿态，而是让老人来照顾它，这让人感觉更好。当你抚摸它的时候，它会发出声音，会转头，还会眨眼。"

宁静技术的一个重要设计原则，是让技术做它最擅长的事，也让人类做他们最擅长的事。这意味着机器人没必要成为人类（比如一个机器人服务员），而人类也不应该成为机器人（连续数小时一直做重复的困难工作、执行复杂的计算或搜索命令）。

凯斯说："机器人和人工智能的设计师应该问问自己，需要做出哪些优化才能真正改善人们的生活。我看到很多不必要的技术被研究出来，因为制造者认为这很酷，但是几年后它就消失在抽屉里了。能否真正帮助消费者解决问题却往往成了次要的。家里真的需要像亚历克萨这样的语音助手吗？我们真的需要智能冰箱吗？我们真的想让孩子玩会说话的机器人娃娃吗？"

根据凯斯的说法，机器人可以做很多有用的事情，而不是生硬地与人类对话，然后还不经用户允许就把各种数据发送给制造商。"我们需要的不是硅谷乌托邦，不是机器人统治世界的反乌托邦式幻想。我们需要一个现实的视角，让机器人做一些人类不能做、不想做的事，以及更适合机器人做的事。"

机器人与人类的最佳比例是多少？

确定人类和机器人协作的理想比例，是一个需要不断平衡的过程。哪怕世界上自动化程度最高的行业——汽车行业——也是如此。你可能认为，使用更多的机器人会自动带来更高效的生产，但在2014年，日本汽车制造商丰田反而用人工取代了一小部分机器人。这是为什么呢？

问题在于，机器人仍然不能理解它们在做什么、应该如何做、如何改进工作。好的手工艺人可以做到这些。丰田注意到，在使用太多的机器人之后，缺失的恰恰是那些手工艺人：整个生产过程有96%都由机器人完成。丰田这样解释："我们不能简单地依赖机器，因为机器只能一次又一次地重复同样的工作。要成为这台机器的主人，你必须有相应的知识和技能才能控制这台机器。"

重新起用训练有素的工匠，使丰田能够减少汽车曲轴生产中10%的浪费。后来，该公司再次将少量机器人替换为人工，使生产过程中的其他环节也节省了成本。不久之后，德国汽车制造商梅赛德斯也用人工取代了一些机器人。

丰田的例子表明，机器人并不总是越多越好，找到恰当的平衡点很重要。这样一来，人类和机器人协作会比某一方独立完成效果更好。找到这个平衡点是人类与机器人合作的法门。

废墟之中：
搜救机器人

在灾难之后使用机器人是真正意义上的攸关生死的大事。每年有100万人在地震、洪水、泥石流、矿难、工业灾害中失去生命。

★
灾害：机器人和"无国界机器人专家"项目的
罗宾·墨菲在检查一栋建筑是否安全。
罗宾·墨菲

2008 年，美国得克萨斯州农工大学的罗宾·墨
菲创立了"无国界机器人专家"项目，旨在训练志愿
者学会使用她和同事开发的搜救机器人。和高山莱拉
一样，罗宾·墨菲也位列"机器人领域你需要了解的
25 位女性"。

当灾难来袭，无国界机器人专家可以使用地面机
器人、定位机器人和水下机器人加以应对。这些机器
人大部分是半自动半遥控的。它们主要用于帮助救援
人员评估建筑、桥梁等基础设施是否足够安全，以便

07 人类需要机器人，机器人也需要人类

派人前往救援。墨菲说："机器人是我们的眼睛、耳朵和手，人类可以用它们远程评估受灾程度并进行干预。这很重要，因为这些机器人可以帮助减少灾难带来的损失，这样当地居民就可以更快地重返家园。"

2011年日本海啸发生后，潜水机器人帮助人们监测沿海地区基础设施的破坏情况。多亏了会游泳的机器人，如果全部工作都由人类潜水员自己完成，这项工作不会提前整整6个月就结束。

墨菲解释说，搜救机器人完全依赖于人类和机器人的良好合作。她研究了搜救机器人在2001年纽约双子塔遇袭事件中首次使用的情况，得出的结论是，所有失败的机器人任务中，有一半以上都归咎于人为失误。墨菲说："例如，在矿难发生后，机器人需要通过电缆与操作员沟通。它们不使用无线通信，因为在

★
寻找婴儿：一个救援机器人在参加机器人世界杯比赛。
本尼·莫尔斯

坍塌的矿井里，无线通信要么无法工作，要么太不可靠。但有时我们看到，人类操作员会让机器人行驶在自己的电缆上，这一操作会导致电缆损坏，以至于机器人无法同外界交流。机器人设计师往往对操作员期望过高。"

墨菲还总结道，机器人操作员不应该在操作的同时还要在屏幕上寻找幸存者："那样做太费神了。如果在操作员之外，还有另外一个人负责寻找幸存者，那么找到幸存者的概率就会提高9倍。"

机器人化的悖论：依然需要人类

谈到机器人化时，人们经常忽视的一点是，每个机器人的设计、制造、编程、维护、修理实际上都由人类完成。机器人在执行任务时通常也处于人类的监督下，这意味着即使是机器人系统，实际上也是人类和机器在共同协作。因此，为了使机器人系统以最佳状态发挥作用，人类因素也必须考虑进来。

1983年，英国心理学家丽莎娜·班布里奇在科学论文《自动化的讽刺》（Ironies of Automation）中指出，随着自动化程度的提高，一旦自动系统真的犯错，人类干预会变得更加重要。而且这些错误总是有机会发生，尤其是在开放系统意外不断的情况下。

班布里奇的观点被称为"自动化的悖论"。

尽管由于应用了自动驾驶技术，航空工业的安全系数呈指数级增长，但我们仍然不会乘坐没有人类飞行员的飞机。这完全合理，因为人类飞行员加上自动驾驶系统的组合比单独一个人类飞行员或者单独一套自动驾驶系统要安全得多。

当被问及未来某一天是否会允许飞机在没有飞行员的情况下飞行，英国航空公司飞行员协会的航空专家史蒂夫·兰迪回答说："我们知道很多人对这个未来设想感到兴奋，但也担心他们可能会忘记乘无人驾驶飞机旅行的实际情况。每一次，当自动驾驶系统不能正常工作时，还是需要人类飞行员进行干预。"

自从自动驾驶技术引入民用航空以来，由于人类飞行员与自动驾驶系统配合不佳，已经造成若干起空难事故发生，还有一些事故差点就发生了。有一个臭名昭著的例子：2009年2月25日，土耳其航空公司一架飞往阿姆斯特丹的航班坠毁。当飞机接近史基浦机场时，高度计突然指示当前飞行高度为负2米。自动驾驶系统以为飞机已经着陆，于是迅速降低了引擎功率。而人类飞行员没有及时注意到这个错误，于是飞机在跑道附近坠毁了。事故造成9人死亡，120人受伤。

一旦我们的汽车和卡车开始自行做更多决定，在航空工业上经常发生的事故也会发生在道路上。和航空领域一样，无人驾驶汽车可以明显减少交通事故发生，因为90%以上的事故都由本可避免的人为失误造成。但是当汽车犯了一个错误而人类无法及时纠正时，无人驾驶汽车也会造成新型交通事故。

机器人和人类的合作将带来新的挑战。我们将如何应对这种责任上的转变？人类更倾向于相信机器而不是自己的常识，我们该如何应对这一心理？当机器人掌握了人类的技能并取而代之时，人类的能力往往会退化，我们又该如何应对这一状况？人类无疑会为这些问题找到解决方案，但人类和机器人共同协作的最佳状态不会自动到来。

艾萨克·阿西莫夫创造的角色苏珊·卡尔文，临终时回顾了自己一生的事业，她说："曾经有一段时间，人独自面对宇宙，没有朋友。现在他创造了机器人来帮忙，这些机器人更强壮、更有用，也绝对忠诚。人类不再孤独。你有这样想过吗？"

与智能机器人一起做手术

"当使用机器人为病人做手术时，我会坐在类似驾驶舱的座位上。透过一副大的护目镜，我可以看到需要手术的器官的三维图像。这种感觉就像我到了病人身体里面。我的手握着控制机器人的操作杆，机械手臂末端的工具完全按照我的大脑发出的指令来操作。和机器人一起做手术感觉很神奇。"

我们采访了艾沃·布罗德斯，他是阿默斯福特市Meander医疗中心的外科医生。2000年8月，艾沃·布罗德斯成为荷兰第一个使用机器人进行手术的外科医生，如今他已经离不开机器人了。这并不是说机器人能独立做所有事情，毕竟目前技术还远未达到这一水平，但正如他所说："机器人是高科技器械，是外科医生的延伸。"

外科手术机器人是由人类远程控制的机器人的一个例子：一个遥控机器人。它不能自己做决定，但可以编程，可以收集和处理信息。通过操作杆，外科手术机器人可以接收到医生的指令，并对这些信息加以改进和处理。这使得机器人可以消除人手颤抖等问题。它还可以放大手术视野，使外科医生的手术区域精细到1平方毫米。布罗德斯说："有了机器人，我可以更精确地工作，比如避开手术区域周围微小的神经末梢。这样对病人造成的伤害就会小一些。"

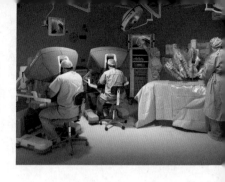

★
帮助外科医生：达·芬奇手术机器人在协助一个手术。
图片版权所有：直觉外科公司（Intuitive Surgical, Inc），2017年

使用机器人为病人做手术是微创手术或"锁孔手术"按逻辑发展后的下一个阶段。布罗德斯和他的外科助手团队在病人的腹部开了5个小切口：其中4个切口交给3个工作臂和机器人的摄像臂，另一个留给负责抬起器官、吸血或缝合组织的外科助手。外科医生、助手和机器人的协作至关重要。

外科手术机器人的历史令人着迷。布罗德斯说："在20世纪80年代，美国陆军的研究部门梦想能够通过遥控机器人在战场上为伤员做手术。但这个梦想完全不现实。在战场上，你没有电、没有时间准备、没有平整的地面。战场上需要的是低技术含量的仪器，而不是高科技的手术机器人。"

然而，正因为有那样的梦想，第一个外科手术机器人在1995年被制造出来：不是为了战场上的机器人手术，而是为了医院里的外科手术。外科手术机器人在2005年到2007年间，在前列腺手术领域崭露头角。

　　　　07　人类需要机器人，机器人也需要人类

此后迅速普及。2011年，机器人完成了90%的前列腺手术。布罗德斯认为，在不久的将来，普通外科将成为外科手术机器人最普及的使用领域："机器人可以对甲状腺、肺、胃、大肠、胃内膜、膈肌、胰腺、血管等进行手术。事实上，任何人难以进行手术的脏器都可以用机器人。"

已经接受微创手术训练的外科医生可以在短短几个月内学会如何操作机器人。布罗德斯说："最需要适应的是，你不再直接接触病人。当你亲自做手术，有时你必须提起或拉动组织。有了机器人，你就感觉不到力了，所以必须学习如何完全依靠眼睛来操作。"

事实证明，将触觉从外科机器人传递给外科医生，比许多机器人开发者的预期要复杂得多。"这是因为人体传感器的复杂程度难以想象，大脑和身体的连接也十分智能。所以，梦想机器人能够完全独立进行手术，在未来几十年里恐怕仍然只能是一个乌托邦。"

根据布罗德斯的说法，未来的外科手术机器人可以和外科医生一起思考。"举个例子，外科手术机器人可以帮忙找到我自己看不见的组织结构，还能更快地引导我找到特定的点位。另一个发展方向是，外科手术机器人可以提出不同情况下哪个方向更适合接近需要手术的器官。最终，机器人能够分析外科医生的表现，帮助他们提高技能。未来的外科医生必须用医生的心脏来控制机器人的大脑。"

08

变成赛博格，重新行走

Alledaagse cyborgs

赛博格：
从科幻到现实

提到赛博格，你可能会想到机械战警，一个遭谋杀的警官，安装机器人部件后被改造成能打击犯罪的超人。或者想到终结者，一个金属框架的机器人，外形是阿诺德·施瓦辛格。你可能不会立刻想到《星球大战》中的反派达斯·维德，但他也在赛博格名单中：一次光剑对决中他失去了四肢，之后被装上了人造肢体。但并不是所有的赛博格都那么具有威胁性。你有没有意识到，那个拥有摇摇摆摆的机械臂的动画英雄G型神探也是一个赛博格？

赛博格是带有机械或电子部件的人类，或者一部分是人类的机器人，我们通常从20世纪80年代制作的反乌托邦电影中知道他们。但仔细想想，其实你周围全是赛博格。比如，装有起搏器的人，使用人工耳蜗（直接刺激听觉神经的助听器）的人，甚至连人工髋关节或隐形眼镜都是人体内携带的科技产品。

使用技术来修复改善我们的身体，并不是一个奇怪的观念。假肢可能是最明显的例子。最先出现的假肢是简单的木制手臂或木制腿。后来，出现了机械关节。现在的假肢不仅灵活，有些甚至非常智能。智能十分必要，因为要把假肢做成一个功能齐全的机器人身体部件并不容易。以机械手为例：为了和人类的手一样好，它必须足够有力，能够拎起购物袋，还要足够轻柔，能够拿起一个鸡蛋而不打破它。当然，它还需要根据情况决定发力是重还是轻。

特文特大学和代尔夫特理工大学的教授赫尔曼·范·德·库伊开发了这种智能假肢和机器人辅助设备。他的研究领域是"生物机电工程"：生物、机械和电子学的结合。范·德·库伊说："为了制造出一个好的假肢，你需要把人类诸如走路、保持平衡等行为在机器人身上重建。所以我的研究有一半都在和人打交道。"

范·德·库伊的科学生涯从研究人们如何走路和保持平衡开始。"过了一段时间，我想：所有这些模型都很有趣，但我需要'应用'。我想用人体运动方面的知识来帮助人们。这就是为什么我开始研究可穿戴机器人。今天的假肢实际上是一种机器人，因为它们有马达、传感器、智能。"很多马达和传感器都是范·德·库伊自己开发的，它们充分体现了他的才能。

外骨骼：
高科技行走支架

美国人休·赫尔在1982年的一次登山事故中失去了双腿，当时他只有18岁。"我的理论是，人永远不可能'被摧毁'，"他在TED演讲中解释道，"但技术被打破了。技术有不足之处。"带着这种念头，他

08　人类需要机器人，机器人也需要人类

开始着手研究能让他再次行走、攀登的技术。6个月后，他又可以在岩石和冰上从事攀岩运动。赫尔很快意识到，如果开发独特的假肢，比如能让他站在狭窄的岩壁上的小"脚"，他就可以巧妙适应不同的攀登环境。使用这些特殊假肢，他能比事故前攀登得更好。

赫尔说："我想象中的未来，技术非常先进，可以消除世界上一切残疾。在那样一个世界里，神经植入物会帮视力受损的人看到东西，瘫痪的人可以借助人体外骨骼行走。"如今，在事故发生35年后，他成为麻省理工学院生物机电工程小组的负责人，在那里将自己想象中的未来付诸现实。2013年波士顿马拉松爆炸案中有一位舞蹈演员失去下肢，赫尔为她研制了机器人假肢。她借助假肢重新学会走路，甚至重新学会跳舞。在爆炸一年后的TED会议上，她第一次以假肢在观众面前表演。

行走不仅仅是我们作为人类的意愿，也代表着健

★
走向未来：舞蹈演员阿德里安娜·阿斯莱特-戴维斯（左）第一次使用休·赫尔（右）制作的假腿表演。
史蒂夫·尤尔韦松

康。更确切地说，不能走路被视为不健康。这不仅适用于瘫痪或因截肢而不能行走的人，也适用于随着年龄增长而行走困难的人。范·德·库伊说："对人们来说，能够走路很重要。坐轮椅的人通常会出现其他症状：疼痛、膀胱及肠道功能恶化、骨质疏松……如果人们有机会偶尔走一走，比如借助外骨骼活动一下，所有这些症状都会减轻。"

外骨骼是一种可以帮助残疾人重新行走的机器人装备。对那些需要轮椅才能四处走动的人来说，外骨骼可以起到很大的作用。因为他们不仅可以再次行走，而且可以站起来和别人在同一水平视线说话。范·德·库伊说："你可以用一些实验来测试人们直觉上认为自己的胳膊和腿有多长。坐在轮椅上的人把自己的腿画得比实际要短。穿上外骨骼走路，一段时间后，他们会对自己的身体形成更完整的印象。"

虽然人们已经可以使用外骨骼行走，但它还有很大的改进空间。"对市场上大多数外骨骼来说，走每一步的距离都一样。你的躯干做一个动作，或以某种姿势改变重心，外骨骼就会迈出一步。每一步距离都一样，不能稍长或稍短。你会经常碰到爬不了的楼梯，地面高低不平你也走不过去。真的非常累，因为每走一步都要思考，还得拄着拐杖保持平衡。"

那么，他打算如何改进呢？"实际上，我想在这些设备中加入一些生物特征，比如肌肉特征和条件反

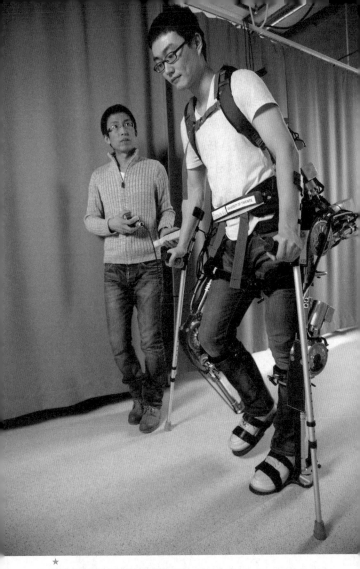

★
保护人们的关节：外骨骼可以帮助
人们在事故后再次行走。
赫尔曼·范·德·库伊

射。这会让外骨骼在行走时更便捷、更自然。"

对于防止体力劳动造成伤害或发生不良状况，外骨骼以及其他机器人辅助设备也发挥了重要作用。因此，范·德·库伊也在研究使用外骨骼承担背部或肩膀的重量以支撑身体。这项工作的门槛很高："经验表明，一种设备哪怕只有一丁点麻烦，员工也不会使用；哪怕是传统的辅助设备也是如此。职业健康和安全规范会要求使用各种设备，但工作人员往往不会使用，因为太麻烦了。"想象一下使用背带来减轻腰背部的负担。

范·德·库伊正在研制一种"机械护甲"，它适合从事体力劳动的人，既舒适又方便。机械护甲是一种机器人裤子，不像外骨骼那样僵硬沉重，但仍足以提供支撑。"这类辅助工具主要用于预防。不仅适用于建设施工人员，也适用于从事卫生保健工作的人员。还有外科医生，因为他们在手术时经常俯身趴在病人身上。我们称之为'以人为本的机器人'。所以机器人不是用来代替人类，而是用来帮助和支持人类的。"

机器人部件必须
成为你的一部分

对假肢来说，能够传递正确的感觉信息非常重要，这样你才能觉得它是身体的一部分。"橡胶手错觉"就展示了这一点。这种错觉是这样发生的：你坐在一张桌子前，手里拿着一个屏幕，然后把左手放在屏幕后面看不见的地方，并用橡胶手代替左手放在视线范围内的相应位置。如果有人同时轻刷你的左手和橡胶左手，你的大脑会认为那个橡胶手就是自己的手。这种感觉会非常强烈，如果这时有人用针威胁要扎破橡胶手，你会毫不犹豫地缩回自己的手。

因此，与假肢建立感觉联系，就会觉得它更像自己身体的一部分。但很不幸，实现这一点还很不容易。范·德·库伊说："传感器通常会消耗很多能量。每个传感器都会消耗几瓦电。人类却不一样，我们有很多感官，但都只需要很少的能量。许多人的感官只在绝对必要的时候发出信号，比如当某些情况发生变化的时候。而传感器却要一直开着，所以它们一直在消耗能量。"

良好的感觉反馈难以实现，但很必要，因为只有这样我们才能不假思考地控制假肢。"现在大多数的假肢，你在控制它们的时候必须时刻盯着。因为当你触摸或拿着什么东西的时候，你是没有感觉的。而现在，研究人员正在研究一种和大脑中的电极相连的假肢，这样你不仅能控制假肢，还能感受到温度和压力。如果这成功了，那你几乎就是健全的了，就好像原来的肢体还在。目前，这类产品的研发仍然很难，价格也很昂贵，但我认为20年后这类产品将会以满意的价格呈现在人们面前。"

2016 年，美国国防部高级研究计划局（DARPA）制造出了世界上第一个可以由大脑控制的假肢手，同时还能将感觉信息传回大脑。大脑接收机械手发送的电流，和接收来自自然肢体的感觉信息一样。内森·科普兰在 2004 年的一次车祸中肩部以下完全瘫痪，他测试了这个假体。大脑的植入体让科普兰的机械手不仅受控，还有感觉。研究负责人贾斯汀·桑切斯说："有一次，团队决定在没有告诉他的情况下触摸了义肢的两个手指，而不是一个。"结果科普兰立刻注意到了。桑切斯说："那时我们才知道，他那只机械手的感觉非常接近自然。"

范·德·库伊预测，在更遥远的未来，大约 50 年后，截瘫患者可能完全不再需要机械外骨骼和假肢。截瘫是一种脊髓损伤，大脑的信号无法到达腿部。腿部肌肉仍可以工作，但大脑无法控制它们。"如果在神经系统的特定位置插入刺激器，让它可以传导电流，你就能让肌肉运动。"这样病人可能就不会截瘫了。"事实上，你可以像控制机器人一样控制自己的身体。附带的一个好处是，活动肌肉可以启动肌肉各方面的恢复进程。"

这听起来像是科幻小说，但研究人员已经开始了最初阶段的实验。范·德·库伊说："这在昆虫中已经成为可能。昆虫的神经系统足够简单。你可以在蜜蜂身上插几个电极，然后就可以像控制生物无人机一样控制它。因此，这项技术已经处于开发阶段。瘫痪的人即将能够重新行走，而不需要笨重的机械部件。硬件正越来越多地与'湿件'，也就是人类神经系统结合在一起。"

充满液体和充满空气的软体机器人

　　另一种让机器人部件看起来更仿生的方法是软体机器人技术：使用软材料，如柔性聚合物，或者充满液体或空气的袋子。《超能陆战队》中的大白是可以充气的。由于身体柔软，大白不仅非常可爱，而且像一个气球般的动物一样灵活。

　　与传统的硬质机器人相比，软体机器人具有多种优点。它们可以改变形状通过狭窄的孔道，在柔软的表面之上移动也更加容易，而且在类似沙子或泥浆这样的地方上也不会下沉。柔软又灵活的机器人和假肢对人类来说也更安全。在医疗过程中，微型软体机器人在人体内部移动时可能也更加安全。在赫尔曼·范·德·库伊的设想中，可以根据指令切换软硬度的材料非常适合制作机器人服装，因为这种性质或多或少类似于肌肉。例如，足下垂的人可以穿这样一种袜子，当他们抬脚时袜子会变硬，在他们放下脚的那一刻袜子会放松下来。第一个充气肌肉早在20世纪50年代就开发出来了：它是一个无弹性纤维编织的气球，外面套着袖子。当气球充气时，纤维膨胀，袖子就会变短。但很不幸，充气肌肉的效果远没有人类肌肉那么自然。

软体机器人在与人体无关的场合也很有用。斯坦福大学的研究人员发明了一种可充气的蛇，充上气之后可以改变运动方向，绕过拐角处。这种机器蛇可以用在人类难以到达的地方以扑灭火焰，或者在废墟中移动，探索倒塌建筑物的内部。连上传感器之后，蛇还可以朝光源或声源自行移动。

软体机器人已经被用于工业场景。例如，软体机器人股份有限公司（Soft Robotics Inc.）开发了一款软体夹持器，可以抓取番茄，并根据成熟度将其分类，而且不会损坏番茄。夹持器由弹性材料制成，通过充气控制，因此可以安全地抓握各种形状和大小的易碎

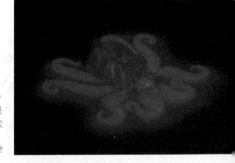

软体机器人：Octobot是世界上第一个完全由软质材料制成的机器人。
洛丽·桑德斯，哈佛大学

物体，包括苹果、生鸡蛋、动物玩偶、奶油泡芙等。

软体机器人公司制造的机器人有柔软的手，但其余部分还是由金属和塑料等硬质材料制成的。制造一个完全柔软的机器人是不可能的，因为像电池和马达这样的部件仍需由硬质材料制成。这意味着"软体"机器人通常只是部分软体。

第一个全软体机器人创造于2016年：Octobot，一个章鱼形状的机器人。章鱼的灵活性是哈佛大学研究人员的主要灵感来源：成年章鱼可以通过直径只有几厘米的孔道。Octobot没有传统的马达，而是采用了一种没有硬部件的气压系统：两种物质结合产生气体，让Octobot的手臂膨胀起来。于是它成了一个完全"柔软"的机器人。目前，Octobot只能上下移动它的手臂，但研究人员希望在不久的将来能让它爬行和游泳。

没有大脑的
BEAM机器人

令人惊讶的是，没有大脑的自主机器人同样存在。这就是所谓的BEAM机器人。BEAM由生物学（Biology）、电子学（Electronics）、美学（Aesthetics）、机械学（Mechanics）的首字母缩写而成。这些机器人仅仅依靠反射来确定移动方向。

它们的轮子直接与传感器相连，使其能够对光源和声源做出趋近或远离的行为。这些机器人基本上跳过了感觉—计划—行动这一周期的中间步骤。

听起来可能很奇怪，但有些动物也没有大脑：海星和海参一生都只有一套神经系统和一些传感器。大脑需要消耗大量能量，高达人类全身消耗能量的1/4。所以如果生物或机器人能够在没有大脑的情况下应对特殊的生态系统，这将是一个很好的解决方案。

通过开发特性与环境相适应的新材料，未来机器人能为我们做更多事情。在机器人技术出现的最初几十年里，它们置身工厂围栏之后，人类无法接触。随后，在20世纪80年代，移动机器人开始逐渐出现，它们可以和人类在同一空间内安全活动。在21世纪初，机器人可以在社会的基本层面与人类打交道。随着机器人假体、外骨骼和软体机器人的发明，机器人真的潜入了我们的皮肤。随着时间的推移，机器人将离人类越来越近。

面对截瘫
永不放弃

2004年，克劳迪亚·博什-科米奇从马背上摔下来后，她的脊椎受伤了。"我再也不能走路了。"当时她对朋友们这么说。12年以来，都的确如此，直到2016年她第一次穿着外骨骼站起来。她立刻意识到，自己从来没有真正习惯坐轮椅。"我的反应非常情绪化，出乎我的意料，毕竟已经在轮椅上坐了这么久。但站着的感觉如此熟悉，所以我觉得我永远也不会真正习惯坐轮椅。坐在轮椅上，你会试着忘记这件事，但是当你再次站起来，能够平视其他人的眼睛……听起来很奇怪，但这真的很重要。"

荷兰纪录片《站起来走一走》记录了这一时刻。当时，科米奇正在奈梅亨的Sint Maartenskliniek诊所参加一项研究。在那里，她装上了市面有售的"再行走"（Rewalk）外骨骼。当时，她还参加了代尔夫特理工大学的"3月项目"。这个项目中，学生团队正在设计具有更多功能的新型外骨骼。

科米奇说，不同的外骨骼有一些区别。"穿上'再行走'后，你不能自己迈步，必须随着外骨骼移动，既不能后退，也不能侧身。"这使得"再行走"不太适合日常使用。"你不能完美地到达厨房，快到终点前的那最后一小段路，你必须把自己往前拖一点儿。"代尔夫特的学生制造的外骨骼仍在研发中，但由于多了一对髋关节，最终它能让使用者斜着走或者向侧方移动。"另外，你还可以自己决定迈出多大的步子。这意味着你将控制外骨骼行走，而'再行走'的过程正好相反。"

"再行走"和"3月项目"都不能保持平衡，所以使用者仍然需要依靠拐杖行走。科米奇说："我们已经有了可以保持平衡的机器人，但穿上外骨骼的人要想保持平衡还是很难。某个动作是有意还是无意的，机器人很难分辨，而我们的大脑会马上意识到，所以这时你就会意识到：人体真的很精妙，要模仿可真不容易。所以这会是改进的主攻方向。如果可以不再借助拐杖，那么你就可以腾出手来做其他事情。"

还有其他的改进之处吗？科米奇补充道："它可以再变得细一点。目前的外骨骼不能让你坐在轮椅或坐在汽车里。如果能够实现，你就可以直接拿起拐杖站起来。"

科米奇还注意到使用外骨骼行走的许多好处。"在半身不遂后仍然能够行走，还能与人在同一视线水平交谈，这已经很棒了。而且对健康也很好。由于神经疼痛，离开药物我就不能正常工作。但经过4个星期的外骨骼行走，我可以把药物减少一半，6个星期后，我可以完全停药。腿部的血液循环更好了，背痛也少了，而且用的时间越长，你的骨密度就越高。"使用"再行走"每周走3次，每次只走1个小时，仅仅是这种强

★
重建一个身体：使用了4个星期外骨骼后，克劳迪亚·博什-科米奇的药物可以减半。

度，对健康的益处就已经显而易见。"这更像是健身而不是走路，尤其是在刚开始的时候，你还需要学习如何使用外骨骼。"

研究结束后，科米奇不得不归还她使用的外骨骼，于是她决定发起一项众筹活动，购买自己的"再行走"。2017年夏天，她终于达到了8.7万欧元的目标。当我们采访科米奇时，她刚刚用上自己的机器人套装。她希望能在一周内穿着它开始走路。科米奇一直期待能再次使用外骨骼。"我想带狗好好散散步。我绝对会穿着外骨骼去参加派对。这样我就可以站在桌边喝啤酒了，就像其他人一样。"

—

09

进化是最好的
机器人设计师

Evolutie is de beste
ontwerper

机器人如何
在崎岖不平的世界行走?

大多数移动机器人使用轮子。扫地机器人是这样,无人驾驶汽车是这样,医院和酒店的送货机器人也是这样,甚至社交机器人佩珀也使用轮子四处走动。轮子非常适合平坦的表面,可以快速且高效地移动,比如在高速公路上、在工厂的地面上、在办公室,以及在家里。

但是,看看动物王国吧。你能想到使用轮子的动物吗?没有,一个也没有。轮子是人类的发明,不是大自然的发明。在人类出现并开始修路之前,地球表面通常并不平坦。轮子行走在崎岖的地形上并不方便,所以生物进化出了其他的走路方式。蛇可以在狭窄的孔道里爬行,而绝大多数动物和昆虫进化出了腿:从爬行的蜈蚣、跳跃的袋鼠,到四条腿的狗、两足直立行走的人。

所有这些物种中,有一种是无可争议的攀岩世界冠军:壁虎。壁虎是一种爬行动物,有2只大眼睛和4只脚,每只脚都有5个指头。它可以沿着天花板倒着走,而且确信自己永远不会掉下来。2000年,加州大学伯克利分校的生物学家罗伯特·弗尔首次找到了壁虎高超攀爬技能的答案。

几十年来,弗尔一直在研究螃蟹、蚂蚁、甲虫、蟑螂和壁虎如何通过看似不可能的古怪姿态来到达最具挑战性的地方。他发现，蟑螂可以伸展自己的外骨骼，爬进窄于身体1/4的裂缝。他还发现壁虎的指头如何快速粘住一个表面，又如何同样快速地从表面松开。

每只壁虎的脚上都有50万根细小的毛（0.03到0.13毫米长，0.005毫米宽）。每根毛的末端都有更细的毛伸出（只有0.0002毫米宽），带有一个铲状的尖端。这些细小的毛可以接触墙壁、天花板和其他任何物体表面。弗尔发现，这些铲状的尖端如此之小，使毛和墙壁的分子相互吸引。这些细小的毛形成的合力非常强大，所以壁虎可以"粘"在任何物体表面，即使倒挂也是如此。想从物体表面离开，壁虎要做的只是卷起它的指头。

弗尔是一名生物学家，但他对机器人技术颇有研究。他和机器人专家一起工作，为机器人设计提供新的想法，因为对机器人来说，要实现在粗糙的表面行走、爬墙，或在狭窄的空间爬行，没有比大自然更好的灵感来源了。他在《机器智人》（*Robo Sapiens*）一书中写道："从自然中获得灵感，然后制造一些还不存在的东西。"

这个想法并不是复制自然的每一个细节，而是要理解基本原理，并将其应用到工程领域。毕竟自然太杂乱，并不完美。弗尔建议，人类应该对大自然的实例"合则用，不合则弃"。

弗尔发现的壁虎的奥秘激发了专家的灵感。他们制造了机器壁虎，命名为Mecho-Gecko和StickyBot。这些机器壁虎使用的壁虎胶带由诺贝尔奖获得者安德烈·海姆在2003年研制。尽管这种壁虎胶带与壁虎脚部毛的材料不同，但结构以及黏附的原理相同。机器壁虎还模仿了壁虎将脚从墙上松开的动作。

机器壁虎仍在研发中，未来它们可能会爬上太阳能电池板的光滑表面进行检查维修。美国国家航空航天局也在研发自己的机器壁虎。工程师认为，它们能沿着宇宙飞船的船体攀爬，完美地附着在表面进行检查修理，而不用担心太空中接近真空、缺氧和失重的环境。壁虎机器人还可以在火星粗糙的表面寻找生命迹象。在地球，它们可以作为搜救机器人，在灾后废墟中寻找幸存者。

机械手臂
拥有自然的控制力

代尔夫特理工大学仿生机器人教授马丁·维斯也从大自然中获得了灵感。2005年，他和美国同事制造了一个两条腿的机器人，它几乎和人类走得一样好。在之后的5年，他用人类手掌的灵感改进了机械手臂。这款机械手臂可以将水果蔬菜完好无损地捡起，传统的机械手臂则无法做到。

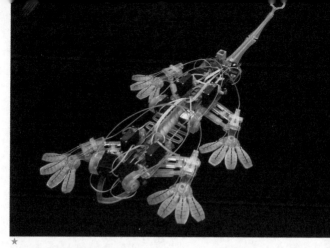

★
像一只壁虎：这个Stickybot
机器人的灵感来自大自然。
美国国家科学基金会

　　研究人员密切观察了人们的走路和抓握方式，将其灵活运用到两款机器人上，没有完全照搬。维斯说："盲目模仿自然从来都不是好事。"飞机和鸟的飞行方式不同，这就是为什么波音747能载几百人，而且比最快的鸟飞得还快。"然而观察大自然后，我们这些机器人制造者还是会有点嫉妒。与机器人相比，动物能做出许多惊人的事情：它们的移动如此流畅，反应如此迅速有力，跳跃如此准确。自然界有这么多变化，而这一切似乎又都是那么容易。"

　　和机器人之父约瑟夫·恩格尔伯格一样，维斯是在阅读艾萨克·阿西莫夫的《我，机器人》之后对机器人产生了浓厚兴趣。"我十几岁的时候读了这本书，书中的机器人可以帮人类做很多有益的工作，这立刻吸引了我。机器人为你准备食物，帮你打扫房子，甚至为你建造一所房子，这些都非常棒。原则上讲，你也可以让机器人建造其他机器人。环顾当今世界，机器人的能力有点令人失望。如此多的体力劳动仍然由人类完成。这是在浪费时间和人力。机器人的用武之地还有很多，而我想为此做出贡献。"

随着果蔬加工行业中夹持器的发展，维斯已经实现了这一目标。直到最近，人类还必须对绿色、红色和黄色的灯笼椒做分类工作，或者将菊苣装在板条箱里，每秒1颗，每天工作8个小时。水果和蔬菜的生产成本有1/3是人工成本。现在，维斯的机械手臂可以接手这项工作。

这些机械手臂的秘密是什么？维斯说："简而言之，就是抛弃了机器人专家几十年来一直遵循的方法。传统的机器人是带有马达的机器，可以移动胳膊和腿。机器人测量每个关节的位置，然后由计算机决定如何调整和设置，将手臂和腿移动至正确的位置。这种方法非常适用于汽车行业的焊接机器人，但对人类可以完成的更精细的一些工作来说，这种方法就完全错了。尤其是处理那些你事先不知道确切大小的东西，比如水果蔬菜。"

起初，专家希望增加传感器来准确测量机器人手指上的力。但这需要增加更多的马达来调节手指的位置，非常麻烦，效果还不好。维斯说："这时，我们仔细观察了人类的手在抓取物体时如何工作。我的同事正在研发假肢手，他们有了一些不同寻常的发现。人类手指的肌肉比关节少。一根手指上有三个关节，你试试只让其中一个活动，另外两个完全不动，就会发现这做不到。当你试图移动第一个指节时，第二个也会跟着移动。一个机器人制造者绝对想不到这一点，因为这意味着你无法独立控制每个关节。"

这种设计有错吗？维斯觉得没错。"因为我们每根手指使用两个肌腱控制三个关节，你可以充分移动关节，让力总是合理地分布在手指上。当你合上手指握住一个圆形物体时，你的手指呈弧形。但是当你用手指合上书时，你的手指呈扁平状。并不是因为你很聪明，而是因为皮肤中的力传感器能感知物体，然后大脑会计算出手指应该使用的相对应的形状。这太复杂了。大自然发明了一种设计，用纯粹机械的方式解决了抓取问题，而不需要观察和智能。"

一旦机器人专家了解了手的工作原理，将其应用在机械手臂上就很容易了。2010年，维斯的一款带有特殊设计的机械手臂获得了园艺行业的专利。这款

拣选辣椒：可以训练机器人完成枯燥的工作，解放人类去做更有趣的工作。
FTNON Lacquey

夹持器可以处理各种水果和蔬菜，不论形状、大小、纹理。同年，他与同事理查德·范·德·林德共同创立的Lacquey公司将夹持器推向市场。

两条腿的
步行机器人

几十年来，机器人专家试图对臀部、膝盖、脚踝之间的角度进行精确测量和调整，来制造两足行走的机器人。随着时间推移，机器人的马达变得更加强大，计算能力突飞猛进，但是步行机器人仍然动作笨拙，这让大自然母亲感到羞愧。维斯说："在这个问题上，我们过分关注对走路姿态的模仿，而没有试着发现其中蕴藏的最重要的机械原理。"

美国研究人员泰德·麦克格尔发现，可以用"两个连接在臀部的钟摆"来描述人类走路的方式，这才使研究有了突破性进展。维斯说："你可以把站立的一条腿看作一个钟摆，因为膝盖或多或少是僵直的。而一条摆动的腿就像两个钟摆，它们在膝关节处相连，可以相对弯折移动。基于这一想法，麦克格尔设计了一种步行机器人，这种机器人可以在没有动力的情况下，非常自然地自行走下一个缓坡。"

维斯和美国康奈尔大学的研究人员一起修改了麦克格尔的设计，并在机器人上添加了一个小马达。

★
行走很困难，但丹尼斯已经可以
熟练地把一只金属脚放在另一只
金属脚前面。
马丁·维斯，代尔夫特理工大学

2005年，步行机器人丹尼斯（Denise）诞生了。"丹尼斯的马达每走一步都会给它一点推力。这样它就不再需要斜坡，而且可以用很少的能量自然地走过一个平坦的表面。丹尼斯的行走动作几乎和人类一样高效。这是因为它不需要做太多：不测量，不计算，也不调整，只需要让重力发挥作用。"

在人类身上奏效的原理同样适用于简单的昆虫。生物学家罗伯特·弗尔发现，像蟑螂这样的昆虫在爬行时不需要使用它们小小的大脑就能保持平稳。机械结构就已经完成了一切。"好像它们那有弹性的腿在自己计算。控制算法似乎已经植入这种生物的身体里。"

然而，维斯的步行机器人远不如夹持器有用。"这个步行机器人只能在平坦的地板上保持平稳，并且是在没有风和其他干扰因素的情况下。这个机器人只要受到一点干扰就会摔倒。"

开发与人类肌肉等效的机器人是维斯研究移动机器人的最大挑战。"我们的机器人非常高效，但力量很小。力量大又走得稳的步行机器人，比如波士顿动力公司的四足大狗（Big Dog），会消耗很多能量。在Big Dog走路时，即使你踢它，它也会站得很稳，不会摔倒，但是这会消耗很多能量。机器人领域还不能将效率和动力结合起来。肌肉在这一点上是完美的。人类的肌肉在你不需要它时，它什么也不做。但当你需要它时，它又快又有力。肌肉灵活又有弹性，可以在低速情况下发出巨大的力。我们还没研究出具备这些特点的技术。"

这就是为什么当两条腿的机器人离开实验室来到现实生活中行走时，我们会觉得好笑。互联网上有无数类人机器人因为一些最愚蠢的原因摔倒的视频。

机器人技术和生物学有一个主要区别，那就是材料的特性。机器人技术使用坚固、耐用、硬质、无生命的材料来制造机器。它们可以在最基本的护理和维护下运行数年。机器人也使用相对较大的组件，形状通常为直角，而且马达和传感器也相对较少。

但是在生物学领域，你会看到细小的部分、弯曲灵活的结构，还有很多肌肉和传感器。生物使用不断生长和可以新陈代谢的软材料，也就是活的组织。维斯说："在某种程度上，你体内的每一个原子可能都已被新的原子取代了。这种不断更新、生长、修复的过程对于生物材料维持运转非常必要。机器人领域甚至还没有开始研究能在机器人身上实现同样效果的材料。"

第一个机器人婴儿

当然，机器人和生物最重要的区别在于，机器人是没有生命的机器，而生物体是有生命的机器（对那些不愿把生物看作机器的人说声抱歉）。按照达尔文的变异、选择和遗传原则，植物和动物一代又一代地自我繁殖。

我们制造的机器人，能以类似的方式繁殖并且一代又一代地去适应环境吗？匈牙利人工智能教授古斯蒂·艾本正在阿姆斯特丹自由大学工作，寻找这个问题的答案。

在机器人实验室里，他向我们展示了世界上第一个机器人宝宝，它于2016年5月在实验室中出生。机器人宝宝看起来更像昆虫而不是婴儿。它由5个绿色的方块、2个蓝色的方块和1个白色的方块组成，这些方块以接头相连。这个婴儿使用微型马达四处走动，并有一个树莓派（Raspberry Pi）电脑作为大脑。机器人爸爸由蓝色方块组成，看起来像一只蜘蛛；而机器人妈妈由绿色方块组成，看起来像一只壁虎。

艾本解释了第一个机器人宝宝是如何诞生的："最开始我们制造了机器人的爸爸和妈妈，它们都有自己的遗传密码。其次，因为机器人双亲的走路形式不同，所以它们需要各自学习。一旦能够走路，我们就认为

★
可繁殖机器人：世界上第一个机器人宝宝（离我们最近的）和它的爸爸（蓝色）、妈妈（绿色）。
古斯蒂·艾本

它们'性成熟了'。它们装有光传感器，可以探测到为它们建造的'交配角'，那里已经用红灯做了标记。因为我们在阿姆斯特丹，所以没过多久人们就开玩笑说我们也为机器人建造了一个类似红灯区的地方。两个机器人分别以自己的姿态向那个角落爬去。"

一旦机器人爸爸和机器人妈妈足够接近（但不需要身体接触），它们就会把自己的遗传密码以无线信号的形式发送给位于实验室另一位置的计算机。随后，计算机以类似生物有性生殖的工作方式将两个基因交叉编码。例如，机器人宝宝的新遗传密码决定了它身上绿色块和蓝色块的数量。但就像自然界一样，随机突变也会发生。艾本说："在机器人宝宝的身上，我们可以看到一个白色的方块，但是父亲和母亲身上都没有白色方块。我们事先也不知道这个机器人宝宝长什么样。"

接下来，计算机根据机器人宝宝的遗传密码向3D打印机发送打印指令，打印机就会依次打印出蓝色、绿色和白色的方块。这些是婴儿机器人的基本构件。艾本说："目前，我们还不能打印出婴儿机器人的所有部件，比如电线、LED灯、传感器、电脑芯片，而且这些组件也不能自己组装。我们让博士生来做组装工作，因为这是迄今为止成本最低的解决方案。"

机器人双亲不会交换遗传物质，妈妈不会为机器人宝宝提供构成物质，而且在能量方面，这三个机器人都不能自给自足。如果电池没电了，必须由博士生为它充电。机器人技术和生物学仍然有很大差异，但作为概念证明（proof of concept），第一个机器人宝宝是成功的实验。

艾本承认他不是机器人专家，机器人专家也不把他视为他们的一员。"我是一名研究人工智能的教授，做的就是将人工智能应用于身体。我们称之为'人工智能具体化'。我的观点是：这很重要！我们知道，在生物学中，精神和肉体在进化过程中是相互作用的。而这正是我想用机器人研究的问题：机器人的硬件和软件如何在相互作用中进化？"

寻找进化的
最佳路径

有了足够的研究资金，古斯蒂·艾本想让成千上万的机器人同时按照达尔文进化论的原则生活，然后研究一下在特定的生态位中，哪类身体会发展、变化，以及身体的差异对每个机器人大脑的进化有什么影响。艾本把这样的实验室环境称为"进化圈"（EvoSphere）。

"进化圈是进化的硬件模型。我并不想制造活的机器人，更确切地说，我只想让机器人系统有真实生命的一些有趣特征。相比于动物，机器人更容易观察，也更方便编程。我们还可以不断读取机器人的传感器和大脑，不需要获得伦理委员会的许可。至少现在还不需要……"

机器人和生物有根本的区别吗？艾本说："这取决于你什么时候问这个问题。曾经有段时间我不这么觉得，但现在我认为两者存在根本性差异。我的回答有充分理由。那些认为二者没有区别的人，觉得二者都符合进化原则，而没有考虑这些原则所依赖的基础。另一方面，我们在简易机器人上添加了诸多元素，大自然却是从头开始创造。大自然使用分子作为构建模块，而我们则使用实际的模块。"

除了基础研究，艾本认为他的工作对未来制造新型机器人身体做出了技术贡献。"当我们想把机器人送到不熟悉的地方时，很难提前想出最优设计。假设我们想把进化机器人送到火星、南极洲或热带雨林，在那种环境下，机器人能进化出最适应自身工作的身体形式吗？它需要轮子或腿吗？需要多少条腿？需要什么样的腿？机器人大脑应该具备什么样的认知能力？进化是我们所知道的最好的设计师。"

机器猎鹰
可以赶走鸟类

加拿大埃德蒙顿国际机场是世界上第一个使用猛禽机器人来吓唬鸟类的国际机场。Robird由位于恩斯赫德的荷兰公司Clear Flight Solutions制造，该公司自2012年底以来一直在开发这款商用机器人。来自特文特大学的斯特凡诺·斯特拉米吉奥利教授和哈利·霍伊梅克教授分别从事着机器人技术和空气动力学研究，他们的研究衍生出了Clear Flight Solutions公司。

维塞尔·斯特拉特曼是Clear Flight Solutions公司的研发工程师，自公司成立以来一直参与Robird的技术研发。"Robird看起来像一只猎鹰，叫声也像。它利用其他鸟类试图逃离天敌的原始本能发挥作用。"

据斯特拉特曼称，机场发生的飞机与鸟群相撞事故，估计每年给商业航空业造成300万至800万美元的损失。"这些花费主要用来修复受损部件，比如吸入鸟类的喷气发动机。但也有次生伤害，飞机被鸟击中后必须接受检查，这些检查通常会导致航班延误。"

Robird是一种遥控机器猎鹰，翼展1米，重量750克。它在每一个细节上都与真实的猎鹰相似：包括大小、形状、颜色、战斗速度，甚至是拍打翅膀的姿势。然而，它不能自主飞行，需要一个经验丰富的

捕食者：Robird模仿
真实猎鹰的战斗来吓
跑埃德蒙顿国际机场
的鸟儿。
*Clear Flight
Solutions*

遥控飞机飞行员控制。斯特拉特曼说："几乎每个人都能操控普通的无人机，比如四轴飞行器，但只有最有经验的遥控航空模型飞行员才能操控一架通过拍打翅膀实现飞行的Robird。我自己也试过，但失败了。"

该公司雇用的遥控航空模型飞行员首先要接受来自放鹰人的密集训练，学习真实的猎鹰如何捕猎。"因为让Robird表现出猎鹰的真实行为至关重要。在不到5分钟的时间内，它必须像在咄咄逼人地飞行，从上空发起攻击。鸟儿经常成群结队聚集在机场，我们的无人机飞行员可以用Robird把它们像羊群一样赶出跑道。"

多年来，机场使用了各种各样的技术来赶走麻烦的鸟类，包括扬声器系统、轻型枪、风车、越野车。斯特拉特曼说："很不幸，鸟类很快就习惯了这些技术解决方案，它们比你想象的要聪明得多。但鸟类永远不会习惯天敌。而且这些鸟也分不出Robird和真正的猎鹰有什么区别。"

除了吓跑机场的鸟儿之外，Robird 还有助于减少农业和垃圾处理领域中与鸟相关的问题。猎鹰机器人已经在这两个领域进行了测试。斯特拉特曼说："在垃圾处理设施中，Robird 可以减少70%到90%的鸟类，这取决于鸟的种类。在一个蓝莓农场，我们能将收成损失从每年25%减少到1%。"

目前版本的 Robird 甚至有自动驾驶装置，当无人机驾驶员停止控制时，它可以直线飞行。它还使用了 GPS 接收器确保不会飞出跑道。"未来，Robird 将变得更加自主。它将配备摄像头，这样就能看到鸟的位置和自己的飞行位置。它将能够思考如何赶走鸟类，甚至能在战斗中调整计划。最后应该能自己着陆，为电池充电。如今，所有这些想法在技术上都是可行的，但目前针对无人机的法律法规阻碍了这些发展。"

有趣的是，在无人机的世界里，相反的事情正在发生：真正的猛禽正在接受训练，以便在发生重大事件时抓住天上飞过的那些不受欢迎的无人机。

10

群体机器人展现
集体的智慧
Teamgeest

机器人合作的力量

　　两个人能比一个人做得更多，团结力量大。人类和动物会以小组或群体的形式相互协作，机器人合作也同样可以共赢。合作可以让群体机器人在更短时间内完成更多任务：例如，在一栋即将倒塌的建筑内拍照检查，或是合作清理公园。它们也不太容易受到伤害：如果群体中一个机器人坏了，其余的机器人还可以继续执行任务。

　　圭多·德·克罗恩在代尔夫特理工大学研究群体机器人。他的灵感来自动物群体，主要是鸟类和昆虫，这些动物群体表现出复杂的行为。德·克罗恩说："通过合作，蚂蚁可以熟练地找到食物，并找到最短路线把食物带回巢穴。单只蚂蚁很难知道最近的食物在哪里，也不能尽快把食物带回，但是成百上千只蚂蚁一起工作就可以找到最短路径。"

★
天然的飞行者：轻巧的 DelFly 机器人灵感来自蜻蜓，能够成群结队地飞行。
代尔夫特理工大学

机器人往往通过绘制周围环境的地图来实现这一功能，但动物群体则不需要这样做。"蚂蚁会留下气味，这种气味会随着时间推移而消失，其他蚂蚁通常会跟着这种气味前进。"用这种方法，蚁群最终会找到食物的位置，并找到食物距离巢穴的最短路径。这是单只蚂蚁永远无法单独完成的事。"有趣的是，单只蚂蚁只是单独做了一些非常简单的事，但在群体范围内产生了最佳效果。蚂蚁会自动留下气味，如果它必须去一个地方，就会跟着鼻子走。这其实非常简单。但当你把数百只蚂蚁放在一起时，它们就会找到最短路径。"

没有老板的
群体机器人

这正是群体机器人背后的理念：小型又简单的机器人以群体形式表现出智能行为。严格意义上说，这类群体没有老板或领导告诉成员应该做什么，所以你真的没有办法控制整个群体。这使得整个群体设计复杂，但非常可靠，因为它没有致命弱点。德·克罗恩说："假设，存在一个领导者，或者由一台电脑控制一切，那如果这台电脑失效或者丢失，整个系统就会停止运行。"

你可以把车流中的无人驾驶汽车看作一个群体，

尽管单独一辆汽车并不像一只蚂蚁那样简单。德·克罗恩说："为了使无人驾驶汽车发挥最佳性能，设计一个能知道所有无人驾驶汽车的所在位置的系统会更有用。"这样一个系统甚至可以帮助我们一劳永逸地解决堵车问题。"但在实践中，这样做极其困难，也非常冒险。如果这个中央系统停工了，就会出大问题。"

这个道理同样适用于GPS。全球定位系统可能会受到攻击，或受到黑客侵袭，这样一来群体行为就会被扰乱。为了防止这种情况发生，群体机器人最好不要使用GPS。德·克罗恩说："当你寻找解决方案时，会发现最后还是要回归大自然。当然，这并不奇怪，因为几百万年来蚂蚁在没有GPS的情况下也能做得很好。真正的蜂群没有任何中央系统。当然，除了太阳。昆虫通过观察太阳来导航，即使阴天它们也会利用太阳的偏光。你可以说它们眼中的太阳是一个挂在天空中的巨大指南针。"

德·克罗恩努力让单个机器人尽可能做到小而简洁。"动物必须尽可能有效地利用自身能量。大脑越大，消耗的能量越多。能源效率非常重要，所以很棒的一点是，它们能通过遵循简单的规则来实现最佳的行为选择。我认为这非常优雅。如果你想使用小型轻型无人机，那就必须用非常简单的方式来实现它的智能。所以问题是：如何用尽可能少的传感器，应对极

★
信号：群体机器人通过光环实现通信。
马尔科·多里戈，布鲁塞尔自由大学

其复杂的任务，还能让它们尽可能地轻？"

例如，蜜蜂就可以做到很多无人机做不到的事。德·克罗恩说："就算有风蜜蜂也能完美地落在花朵上，即使风把蜜蜂和花朝各个方向吹也没关系。它们还可以长途寻找食物来源并安全返回家园，很少在飞行中遇到障碍。这些都是无人机面临的主要挑战。"

然而，蜜蜂是微小而简单的生物，只有100万个神经元，而人类的大脑却有1000亿个神经元。德·克罗恩说："如果你让工程师制造一个东西，完成蜜蜂能做到的所有事情，他们的想法可能会无比复杂。但蜜蜂可能完全不同。生物学家研究这些生物如何工作，得到的结论往往很简单。我一直觉得这一点很吸引人。"

目标是为
即将倒塌的建筑
绘制地图

机器人足球世界杯根据特色被分成了几种不同的赛事，有针对全部由中央计算机控制的小型机器人的比赛，也有针对各自拥有大脑的大型机器人的比赛。你可以把后者看作小规模的群体机器人：每个足球机器人自行决定该做什么，它们要在没有队长或教练指挥的情况下尽可能顺利配合、完成工作。

真实的群体机器人在规模上也很灵活，你可以在不影响整个群体机器人行为的前提下增减机器人的数量。例如，当一群机器人维护公园环境时，即使其中一个机器人不慎被汽车撞击或被猎鹰攻击，整体工作也不会有什么影响。垃圾量大的时候还可以额外添加一些机器人。

在研究中，德·克罗恩总想尝试有挑战性的应用场景。"例如，想检查一栋即将倒塌的建筑，你肯定不会让人进去。要在一个未知空间里工作非常困难。"机器人进入这类空间工作之前，许多研究人员都会在它们身上放置一些能发射蓝牙信号的信标。根据多个蓝牙信标分别发出的信号的方向和强度，机器人可以精确计算出它们在建筑中的位置。"但我不想那样做，"德·克罗恩强调，"因为那不现实。"

在这种情况下，德·克罗恩研究了群体机器人中的单一个体需要如何工作才能合作检查整个建筑物。这项研究包括几个步骤。"第一，机器人必须能够独立地飞起来；第二，它们必须能避开障碍；第三，它们必须能彼此避开。到目前为止，我们已经很好地解决了这些问题。下一步就是必须让它们自行分散到整个建筑中。彼此飞离是一种基本的群体行为。之后它们还得能自己飞回来，例如电池快要用完的时候。一旦它们回来了，就可以给我们展示在大楼内拍到的照片。"

另一种应用是将无人机用于温室中。德·克罗恩说："无人机可以探测温室中哪部分果实成熟了，还可以探测哪里需要水，哪里需要杀虫剂。它是一个三维空间，有时你会想在一排排植物之间观察。"在这种情况下，无人机极轻的特点成了一个很大的优势，即使在人很多的环境中使用也很安全，因为哪怕意外撞到别人也不会造成太大伤害。温室的环境要比快要倒塌的建筑简单得多：在无人机进入温室之前，你可以很轻松地在里面提前装好蓝牙信标和其他调节装置。然而，即使在这样一个受保护、准备充分的环境中，让几十个或数百个微型机器人一起工作也没有那么容易。

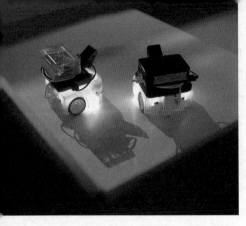

预测机器人的行为

那么，如何让群体机器人执行复杂任务？当你把一大批具有一定行为方式的机器人聚在一起，要准确预测即将发生什么就变得非常困难了。许多事情同时发生，可能就会出现一些意想不到的情况。从另一个角度处理这个问题也很困难：如果你指定了一个群体应该如何行动，那么给单个机器人编程的最佳方式是什么？这是目前群体机器人领域最大的两个难题：一方面，如何根据群体行为决定单个机器人的行为？另一方面，如何根据单个机器人的行为预测群体行为？

德·克罗恩解释说，制造群体机器人有不同的策略。"一种方法是观察一个自然系统，并根据生物学家的研究成果对其模仿。"模仿自然当然有好处，如果你模仿的是一个有效的系统，那就可以肯定你的系统也会运行良好。但是把自然原理应用到人工系统中真的有意义吗？德·克罗恩认为，不一定。"你可能会让无人机也成群飞行，因为鸟类就是这样做的。但是鸟类这样做可能是为了避免被捕食者吃掉。如果是这样，你模仿的就是不必要的行为了。另一方面，我们也要求机器人去做一些在自然界中并不重要的事情。"

因此，德·克罗恩建议关注自学系统。理想情况下，你会给群体中每个个体设立一个共同的目标。之后，为了实现这个目标，单个机器人需要学习遵循一些简单的规则。德·克罗恩解释说，一种实现方法就是允许系统进化。在一个模拟进化的案例中，一群相同类型的机器人就被安排执行某任务，而在随后的步骤中，模拟进化会把那些任务完成得最好的机器人的特征结合在一起，通过"繁殖"带给新一代的机器人，进而提高系统的表现。德·克罗恩说，最终你会找到一个对整个团队都有效的解决方案。

这听起来很简单，但仍遗留了许多尚未解答的问题。在计算机模拟中，模拟进化的步骤要比研究人员在每一步都要制造新的机器人更快更容易，但也有自己的问题。"模拟的问题是，他们最后一定会成功，"德·克罗恩补充道，"模拟比真实世界更容易。例如，在模拟过程中，你可以让机器人知道彼此的确切位

　　　　　　　10　群体机器人展现集体的智慧

置。但实际上实现这一步非常复杂，即使是对于小型无人机来说。要达到这个目标，我们还有很长的路要走。"

如果群体机器人不想相互碰撞，那么它们就必须知道群体中的其他机器人在哪里。德·克罗恩说："这些无人机太小了，无法绘制出它们的周边区域，更不用说在地图上发送各自的位置了。现在，我们正在研究一种类似蚂蚁发出的气味信号，但使用的是科技。"这些无人机都会发出蓝牙信号。无人机可以利用这个信号来估计另一台无人机有多远，就像你可以根据屏幕上的信号条来判断你的电话离无线天线或Wi-Fi路由器有多远一样。"无人机知道自己的飞行速度和方向，并将这些信息发送给其他无人机。然后，其他无人机可以利用这个信息，再加上信号的强度，来大致了解彼此距离有多远。"

德·克罗恩的研究小组让群体机器人不再使用单独的蓝牙信标就能测量机器人的间隔距离，他们是世界上第一批成功的人。这项技术并不能提供精确的距离，但能帮助40克左右的微型无人机在飞行中很好地相互躲避。"现在我们知道，这些无人机并不知道其他无人机的确切位置。但了不起的是，我们可以利用这种洞察力创造出更逼真的计算机模拟。"

传感器和技术的更新也能推动群体机器人领域发展。瑞士的研究人员目前正在研究能够通过超宽带相互交流的机器人，这种新技术使得在短距离内快速传输大量数据成为可能，而且消耗的能量也很少，非常适合群体机器人。利用这项技术，研究人员能够让群体机器人更精确地确定彼此的距离。德·克罗恩说："然而，他们在实验中还是使用了信标。我们现在正将这种超宽带技术应用到相对位置的测量中，以做到更加精确，而且完全不需要信标。"

现实世界里的群体机器人

目前，群体机器人主要存在于计算机模拟和机器人实验室中。因此，关于群体机器人的实用性，德·克罗恩没有那么高的热情。"实际上，我们并不知道在什么情况下使用群体机器人是解决问题的最好方案。群体机器人从原则上来说有明显的优势，因为失去其中一个不是大问题，但目前这一领域的'杀手级应用'是什么还不完全清楚。"

尽管如此，机器人专家们已经开始思考，是什么决定了群体机器人最终可以应用于现实世界？有一个回答是"可预测性"，群体机器人可以准确完成任务。哈佛大学教授拉迪卡·纳格普领导的研究小组已经证明，群体机器人会基于其中个体机器人的行为，显示出特定的行为表现。德·克罗恩说："在现实世界中应用群体机器人会非常有趣。可以说，我们已经试过1000次了，每次都很有效。而当一个系统真正投入使用，如果你依然能通过数据证明它是可行的，那就更令人欣慰了。"

　　纳格普已经开发出了几个群体机器人，包括Kilobots：一个由1024个单体构成的群体机器人。机器人之间通过红外线信号交流。它们有3条金属腿，分别用来行走和连接地板充电。当你给其中一个机器人一项任务，比如让它建造一个指定建筑，它就会把信息传递给其他机器人，就像一场传话游戏。在另一个项目中，纳格普开发了机器白蚁，它们可以在没有人类监督的情况下合作建造一座建筑物。这个项目中的机器人由中央计算机给出了"交通规则"，然后它们自己决定如何堆放不同的木块。

　　纳格普已经证明她的群体机器人完成了这个任务：根据各自的程序代码建造一座事先指定的建筑物。德·克罗恩说："严格地说，它们不是真正的群体机器人，因为每个机器人都需要被告知它应该怎么做。但从实际应用的角度来看，你能说'现在我要你们为我建造一座城堡'，也挺不错的。"

这正是纳格普想要的。有了一群微型机器人，或许你就能生产出智能的、可编程的材料和结构，有点像动态的3D打印机。也许在将来，我们的房子会由多才多艺的机器人建造，这样就可以在客人来访的时候加一堵墙，或者按下一个按钮就能实现阳台跟随太阳移动，让房间充满阳光。

需要蜂王的群体机器人

严格意义上说，人们并不把需要领袖的群体机器人视为真正的群体机器人，但一些自然群体中确实也有领袖。毕竟，每个蜂巢都有自己的蜂王。《星际迷航》中的博格人（Borg）是一种半有机体半机械化的特殊存在，所有博格人都由"博格女王"操控。博格人通过太空旅行寻找新的生命来同化，使团体更强大、更聪明。一个博格人掌握的所有新技能都将与团体内的全部成员共享。因此博格人可以做很多事情，但作为交换，他们失去了自由意志，并被博格女王控制。

这就是蜂群的工作原理，其好处显而易见：群体内的成员可以利用同伴的知识和技能，并且有一个伟大领袖领导整个群体，你不必考虑个体的局限性。

亚马逊使用这样的协作机器人系统在仓库中搬运货物。在该公司的仓库里，成千上万个机器人在货架下移动，将货架整个抬起来带到另一个地方。它们的外形类似亮橙色的扫地机器人。一台中央计算机可以监控仓库内所有机器人和货物的位置。

当中央计算机收到指令，需要拣出一件指定货物时，它会将指令和货物位置传递给最近的待机机器人。机器人用地板上的二维码来导航至商品所在位置，然后以同样的方式将商品带到配送点，进行包装。传感器可以防止机器人相互碰撞。在这个过程中，传感器将收集到的信息传递给中央计算机，中央计算机会收集诸如地板凹陷或贴纸不平等信息。该系统看起来运行有效：公司从收到订单到发货的间隔时间已经从1个小时缩短到了15分钟。

但是
每个机器人在群体中
都是独一无二的

一群不同类型的机器人会比一群只做同一件事的机器人更有效吗？在Swarmanoid项目中，研究人员研究了异质群体，组成群体的各个机器人能够执行不同的任务。该项目结合了"手机器人""脚机器人"和"眼机器人"的努力。当系统接收到取书的命令时，眼机器人会飞到天花板上查看书的位置，之后，一些可移动的脚机器人会沿着路径到达书架。另外两个脚机器人沿着这条路线拖着一个手机器人来到书架，然后手机器人爬上书架取出书。如果你没有预先设定谁来执行哪项任务，这将是一个相当复杂的协作。如何开发这样一个系统？德·克罗恩更多地看到了自主学习系统的可能性："最好的方法是：这是我们的任务，这些是我们拥有的机器人部件，然后让系统自己设计剩下该怎么做。"

德·克罗恩解释说，在现实生活中，群体机器人也不完全相同。"如果你有100架无人机，可能其中一架的传感器略有不同，另一架的指南针坏了……当你仔细观察，这实际上是一个异质群体，虽然彼此只是稍有不同。人类和动物也同样如此。不同的蚂蚁也会有微小的差异。没有一个群体由完全相同的个体组成。"那是件坏事吗？不，恰恰相反。"合作的时候，你可以很好地利用它们的不同特点。它们可以帮你走得更远。"

与你未来的
同事合作

塞日·德·比尔预言，未来的教师不仅要能跟孩子打交道，还要能跟机器人打交道。德·比尔以中学工程教师的身份开始了自己的职业生涯，但现在主要专注于教育领域的机器人。他教授这方面的课程。德·比尔说："有趣的是，我的很多学生都设想过一个功能高度集成的机器人，白天可以批改试卷，下班后可以打扫食堂。他们非常清楚机器人可以整日整夜地工作。"

这也是德·比尔对未来的看法吗？"从事机器人工作的时间越长，我就越相信机器人将对教育产生影响，最初是作为一个学科。如果学校开设机器人或人工智能之类的课程，我不会感到惊讶。"

德·比尔对机器人的迷恋始于很小的时候，当时他参加了荷兰著名发明家、电视主持人克里特·蒂图勒组织的一场活动。但一段时间之后，他的兴趣就减退了。"几十年来，只有工业机器人领域取得了一些进展。在过去的几年里，媒体又开始谈论智能机器人，而我以前的迷恋又回来了。这么长时间过去了，智能机器人总是让我感到惊讶。"

德·比尔没有学习机器人技术，而是选择当一名工程教师。"我爱教育。机器人体现了技术的每一个方面：机械、电子和信息通信技术。机器人还执行许多技术工作。现在，我教人如何使用科技，但在未来，我也会教机器人。"德·比尔认为未来自己将在两个教育领域发挥作用。"一方面，我想帮助人们在教育中使用机器人。但我也想训练和测试机器人。目前，我正在开发一个机器人工具包，可以用来为机器人创建个体发展程序。"

德·比尔预测，在未来，他的学生将与机器人一起工作。"我不相信完全自主的系统。相反，我认为会有预先编程的任务，让人类作为机器人的管理者。比如，在未来，水管工可能会有一个机器人助手。我认为现在所有的学生最终都会和机器人一起工作。"

德·比尔认为，教师这个行业也会如此。"我认为机器人更多的是担任教学助手，而不是成熟的教师。你可以看到今天不同类型的Nao机器人，它们已经可以帮学生学习生词。"德·比尔目前正在将数字教育系统和机器人相连接。"这样一来，机器人就能知道一个学生具体学习哪部分知识有困难，比如分数知识，也能知道他的学习进度有多快。这样机器人就不再只是一个小工具，它将成为一个真正的同事。"

但在德·比尔看来，在实现这一目标之前还有一些地方需要改进。"人类复杂的沟通仍然是主要障碍，比如讽刺语气。但是机器人最终应该能完成人类可以做的体力工作。清理洗碗机时，两个杯子摞在一起，我拿出下面那个放歪的之后，会想：机器人要怎么解

　　　　　10　群体机器人展现集体的智慧

决这个问题？对机器人来说，这是一项极其复杂的任务。"一旦我们解决了这些问题呢？"机器人最终将能够完成超出人类能力的体力劳动。机器人可以日夜不停地工作。而且只要下载一个正确的文件，它就可以自动精通一门语言。"

"但我们还没到那一步，"德·比尔说，"在研讨会上，我总是展示DARPA的失败视频，让担心机器人抢走工作的人放心。"这段视频是美国国防部高级研究计划局机器人挑战赛上的失误集锦。"比方说，你可以看到一个机器人需要打开消防栓。这个机器人站在消防栓旁边，在空中做了一个转体，然后就摔倒了。是的，我认为至少在未来10年里没什么可担心的。"

—

11

制造伦理机器人的重要性

Goede robot,
slechte robot

艾萨克·阿西莫夫
关于机器人的
三定律

在电影《2001：太空漫游》中，主角戴夫被搭载在飞船上的智能电脑哈尔9000锁在了飞往木星的宇宙飞船外。哈尔9000觉得戴夫和其他船员对它构成了威胁，因此想要杀死戴夫。它解释道："这个任务对我来说太重要了，不能让你破坏它。"简而言之，哈尔9000认为自己在前往木星的任务中不可或缺，而完成这次任务比保护人类乘客的生命更重要。

事实证明，哈尔9000的不道德行为成为无数电影和故事的灵感来源，这些电影和故事讲述了电脑和机器人为了实现自己的目标，毫不顾及与之相遇的人类。但是，如果机器人遵守科幻小说作者艾萨克·阿西莫夫在1942年设计的机器人三定律，那么这种反乌托邦式的未来机器人和人工智能的形象就不会成为现实。

1. 机器人不得伤害人类，或坐视人类受到伤害。
2. 机器人必须服从人类给它的命令，除非这些命令与第一定律相抵触。
3. 机器人必须保护自己的存在，只要这种保护不与第一或第二定律相抵触。

20世纪40年代以前创作的机器人故事经常会有像弗兰肯斯坦那样的情节：一个最初很友好的机器人在某个时刻突然被激怒，站起来反抗它的制造者。阿西莫夫认为这是胡说八道。他认为这种世界观体现了一种技术恐惧症，所以无法接受这样的艺术表达。在《我，机器人》选集的一个故事《回避》中，他第一次描述了机器人定律。

但在后来的生活中，阿西莫夫对机器人定律的看法产生了一定变化。"这三条定律实际上从一开始就是显而易见的，"他在1981年的 *Compute!* 杂志中写道，"每个人潜意识里都注意到了，我只是把这些定律写成简短的句子。当然，这些定律适用于人类使用的每一种工具。"毕竟，锤子也不是用来伤害人类的，它只能做你想让它做的事。

★
道德机器人：根据艾萨克·阿西莫夫的第一条定律，这个机器人必须尽其所能防止有人掉进洞里。
艾伦·温菲尔德

阿西莫夫后来又加上了一个"第零定律"，这个定律比前三条定律更重要：

第零定律：机器人不得伤害人类整体，也不得坐视人类整体受到伤害。

想象一下，一个机器人收到命令，保护核导弹发射按钮。如果恶意入侵者试图按下按钮，而机器人只能选择消灭入侵者或者允许他按按钮，那该怎么办？根据阿西莫夫最初提出的三定律，机器人不能伤害人类入侵者，因为这比服从命令更重要……那就只能大爆炸了。

第零定律可以防止这种灾难发生。阿西莫夫承认，很难准确解释"伤害人类整体"到底意味着什么。然而，他仍然在两本书中提到了第零定律。

当机器人
出问题

假设有一个机器人行为不端，违反了机器人技术的法则。不应该是程序编错了吗？难道机器人制造者不应该对此负责吗？研究员兼艺术家亚历山大·雷本说，机器人不能决定伤害谁或是不伤害谁。他认为，所有形式的非智能技术都需要一个人来控制，因此，如果有人被伤害了，是谁的错其实很清楚。但如果一个机器人能按照自己的意愿行动，答案就不那么清楚了。

所以在2016年，雷本制造了一个可以独立决定伤害谁的机器人。装有针头的机械手臂置于一个午餐盒大小的盒子上。如果你把手指放在机器人前面，它会完全随机地决定是否刺破你的手指。雷本将机器人命名为First Law，以阿西莫夫的机器人第一定律命名。他将此作为一项哲学实验，意在引发讨论：机器人能够独立决定是否伤害人类？"机器人会做出制造者无法预测的决定，"雷本解释道，"我不知道你会不会受伤。"这让机器人"在道德上是可疑的"。

雷本认为，为了防止自主机器人的恶意行为，可能有必要在每台智能机器上安装一个"强制关机键"。但这又给你带来了《2001：太空漫游》中的哈尔9000的问题：如果机器人非常聪明，能意识到自己可以被强制关闭，它会不会尽其所能地阻止关机？阿西莫夫的机器人法则就是为了防止这种行为。

但事情并没有那么简单：为了让机器人遵守阿西莫夫的机器人法则，机器人至少要能意识到它的行为所带来的后果。来自布里斯托机器人实验室（Bristol Robotics Lab）的英国研究员艾伦·温菲尔德说，要做到这一点，机器人必须能预测未来。2014年，他制造了一个带有"后果引擎"（Consequence engine）的机器人大脑。在机器人决定执行一个行为之前，它会在心中推演，想象它能执行的所有可能的行为，以及这些行为对自己、对世界其他地方，包括其他机器人和人类将会带来什么后果。后果引擎并不决定机器人应该执行哪个行为，但它会声明哪些行为会产生人们不希望发生的结果，因此机器人至少可以避开这些行为。

有了这个推理工具，温菲尔德创造了一个"伦理机器人"。这个机器人和其他机器人一起在一个到处坑坑洼洼的场地上开车。伦理机器人会一直做自己的事，直到某个其他机器人有掉进坑里的危险。在这种情况下，伦理机器人会掉转方向，推那个机器人一下，改变它的路线，使其远离坑的位置。温菲尔德甚至让机器人在帮助其他机器人之前优先帮助人类。

但当有两个机器人都朝着洞前进，伦理机器人就必须从中做出选择。在超过一半的实验中，它花了很长时间来考虑该帮助哪一个，以致两个它都没能拯救。温菲尔德认为他制造了一个有道德的机器人，但实际上这个机器人并不总是表现出最道德的行为。毕竟，哪怕只救一个也比让两个都掉下去要好。

这就成了"电车问题"，通常被认为是无人驾驶汽车面临的重大道德问题。如果一辆车正驶向满载孩子的公共汽车，那么只有开向峡谷（害死自己的乘客）才能避免致命的碰撞，汽车该怎么办？

机器人专家罗德尼·布鲁克斯对这种所谓的"困

境"并不感兴趣。"你开车的时候遇到过多少次需要做出决定是否要被迫撞向某一群人的情况？是选择5个修女还是选择1个孩子？是选择10个强盗还是选择1个单身小老太太？每次你面对这样的决定，是否觉得自己在一时激动之下做出了正确的决定？哦？你从来没有亲身做过这种决定？那亲戚朋友呢？你敢说他们肯定遇到过这个问题吗？你看，这就是我的观点。这是一个虚构的问题，在可预见的未来不会对汽车和个人产生任何实际的影响。"

负责任的机器人专家
正在为未来做规划

阿西莫夫定律是基于机器人的行为与人类的行为近似而做出的一个假设，但这一假设距离我们还很遥远。机器人由人类设计制造，所以想要机器人有道德，首先需要机器人的设计者和制造者有道德。他们要对机器人负责，让机器人不仅能按命令行事，而且要安全行事，还要符合我们社会普遍重视的规范和价值观。机器人专家必须从设计的开始阶段就考虑这些规范和价值观。

2010年，一群来自机器人技术、伦理、法律、社会科学和艺术领域的英国科学家聚在一起，进一步提出一种替代阿西莫夫三大定律的实用方法。该小组没有为机器人制定定律，而是为设计、制造、销售和使用机器人的人类制定了五条伦理准则。这些准则不是刻在石头上一成不变的，科学家更多地把它看作一个动态文档，可以根据现实世界的经验加以改进。

第一，机器人是多功能工具，除非出于国家安全利益，不能设计纯粹用来杀人或伤害人类的机器人。机器通常可用于多种目的。例如，面包刀可以用来切面包，也可以用来杀人。同样，设计用来递送包裹的无人机也可以用来在人群中投掷爆炸装置。但根据第一条准则，无人机不应专门为此目的而设计。军用无人机除外，因为它服务于更高的国家安全。

第二，机器人的设计和使用应符合现有法律、基本人权和自由，并尊重用户的隐私。说起隐私，机器人收集观察到的数据会用来做什么呢？护理机器人可以每天24小时收集病人的数据，以备不时之需。但应该存储多长时间，允许谁访问这些数据？一个玩具机器人可以与一个孩子对话，但是如果制造商将这些对话记录下来呢？为这些数据产生的后果负起道德责任的应该是人类，而不是机器人。

第三，我们应该把机器人看作是必须达到安全和可靠性要求的产品，就像其他任何消费品一样。机器人是信息技术的实体化表现，所以它们也很容易受到黑客的攻击。因此，这条准则也意味着应该保护机器人免受黑客攻击。

第四，应该让用户清楚地知道，机器人是人工生产的产品。机器人不应该设计得让弱势群体用户受到欺骗，比如让儿童和孤独的老人觉得机器人是真实的人或动物。人类非常擅长将周围的事物拟人化，机器人可以很容易地让人觉得它们也有真实的感觉、情绪和意愿，和人类一样。当然，用户可能会享受这种体验，这种拟人可能有用，比如护理机器人。但根据第四条准则，用户应该能够理解，他们是在与机器而不是在与生物打交道。想象一下，一位患痴呆的老人无法分辨护理机器人和真人的区别，根据第四条准则，这种情况下使用机器人是不道德的。

第五，也是最后一条准则规定，必须有一个或多个人为机器人的行为承担法律责任。机器人应该有某种识别标记，就像汽车的车牌。如果机器人没有按照设计行动，或者造成伤害，那就必须由人类而不是由机器人承担法律责任。虽然机器人在未来会变得越来越自主，但大多数机器人专家认为它们应该始终受到人类监督。

机器人专家应该遵守的五条伦理准则可以用一句话概括：有了机器人，人类应该更加繁荣昌盛。

机器人和
联合国的发展目标

如果我们负责任地对待机器人，它们就会带来很多好处。2015年，联合国制定了2015年至2030年的17项可持续发展目标。清单包括：消除贫穷和饥饿；为所有人提供良好的健康和教育；不分性别、种族和社会经济地位，平等待人。

机器人技术可以为实现其中几个目标做出真正的贡献。联合国预计，到2050年，世界人口将从2017年的75亿增加到100亿。这额外的25亿人口都需要吃饭，但地球不会再变大。机器人可以通过多种方式帮忙喂饱这些新增的人口。例如，无人机与卫星结合，可以帮忙预测歉收。无人机和其他农业机器人也可以为精准农业做出贡献，使每一只动物、每一株植物都能在特定的时间得到所需的精确护理、营养、药物。这将节约能源、水和杀虫剂，同时提高农业产量。无人驾驶汽车和无人机还可以大显身手，将食物运送到交通不便的地区。

即使在今天，世界上仍有许多人不得不从事高强度高风险的体力劳动，想一想建筑、采矿和清洁工业园区等工作。机器人是帮助人们完成这些工作的理想工具，甚至可能完全接手这些工作。一些机器人专家甚至觉得有责任推动机器人从我们手中接过这些工作。

地球上有10亿人有某种形式的身体残疾。外骨骼等辅助机器人可以帮助他们恢复行动自由。

在可持续发展领域，机器人技术可以为循环经济做贡献，在循环经济中，材料可以被很好地再利用。机器人还可以用来保护陆地、海洋和大气中的自然环境。无人驾驶汽车和无人驾驶卡车的大规模应用，预计将使公路运输的能源消耗减少20%，并使公路运输能力提高一倍。

联合国17个发展目标的理想令人钦佩，但只有全世界公民能够信任机器人并监管机器人的设计和制造组织，才能在工作和日常生活中接纳机器人。

机器人将
如何改变人类？

到目前为止，我们已经研究了机器人及其制造者能够且应该怎样做才称得上符合道德标准。但是机器人使用者呢？我们能要求机器人做所有我们想做的事吗？在电视剧《真实的人类》中，人们与充当助手、家政人员、保姆和同事的人形机器人和睦相处。人类和机器人的差异很小，但他们的相处方式将这种差异明显表达了出来。有些人对机器人漫不经心、不屑一顾，例如有一位男士经过时漫不经心地捏了捏机器人秘书的胸部。"跟真的一样。"他嘲讽地说。机器人似乎对这一骚扰无动于衷。

这是一件坏事吗？或者更准确地说：如果机器人没有情感，那么你虐待它又有什么关系呢？当你的自行车爆胎时，沮丧地踢它一脚可能不太好，但这也算不上不道德。但如果你这样对待宠物，就一定是不道德的，甚至会受到法律的惩罚。

想象一下，如果不小心让老旧的吸尘器掉下台阶，你会有什么感觉。现在再想象一下，如果看到扫地机器人从同样的台阶上掉下来，你会有什么感觉。这两种情况，你关心的可能都是设备是否损坏。你不会心疼旧吸尘器摔了这么一跤，可能也不会心疼扫地机器人。毕竟，机器人没有情感和意识，与其说它是一个生物，不如说它是一个家用电器。所以你把它当作一个无生命的物体。

然而，当机器人开始长得像人类或动物时，这种界限就会消失，即使没有迹象表明它有情感和意识。当你看到有人踢机器狗的时候，即使能清楚地看到这个机器狗由机械零件组成，你也会感觉这么做不对。如果你完全确定机器狗没有意识，感觉不到疼痛，那么踢它在道德上有错吗？可能没错。但我们还是会感到不舒服。这就是关键：我们对待机器人的方式对自己也有影响。

美国研究人员的一项大规模研究表明，玩暴力电脑游戏的人更具攻击性。刚玩过暴力游戏的测试对象似乎不太愿意帮助他人，而且在参与词语联想的测试时，也容易偏向带有攻击性的词语。一些研究表明，这种影响会在一段时间后消退。但即使这种影响很短暂，也能确定科技可以影响我们的思维和行为方式。

如果我们把看起来像人或动物的机器人当成没有生命的物体，可能也会影响我们自己的社交禁忌。当习惯了踢机器狗、捏机器人秘书的乳房，你会不自觉地认为这种行为可以接受，就会开始区别对待真正的动物和人类。

科技甚至已经渗透到我们的私人生活中，人类似乎并不害怕带着科技产品上床睡觉。因此，同样的情况完全有可能发生在未来的机器人身上。躺在床上的机器人，听上去是不是有点可怕？对那些很难找到伴侣的人来说，这可能是一种选择。

麻省理工学院的心理学家雪莉·特克尔得出结论：技术改变了我们。我们通过技术日益加强彼此的联系：我们发送短信或电子邮件，而不是安排真正的见面。特克尔说，下一步是用技术完全取代另一个人。现在，我们与科技的互动如此容易，陪伴机器人也不再是一个奇怪的想法。在2012年的一次TED演讲中，她强调了我们与技术的亲密关系。"我们想要花时间和那些似乎关心我们的机器在一起。我们正在设计一种技术，它会让我们产生陪伴的错觉，而无须真正的友谊。"机器人可能会让我们失望，但我们永远不会让机器人失望。

这是一件坏事吗？在她的著作《群体性孤独》（*Alone Together*）中，特克尔讨论了一个机器海豹成为老年人动物伴侣的例子。乍一看，这似乎是一个解决孤独的好办法。有一只机器海豹或许比什么都没有要好，但特克尔的研究表明，相比于机器人，老年人总是更愿意有一个人坐在对面。参与伴侣机器人研究的老年人会感到高兴，更多是因为受到研究人员的关注，感到自己做出了贡献。

并不是所有人都同意特克尔的观点。机器人 First Law 的发明者亚历山大·雷本用自己的视频账号发布了一段视频，他在视频中表示，拥有非人类伙伴其实很正常。"很多人看着类似机器人这样的东西会说：'哇，这个社交机器人会夺走我和他人的关系。'但实际上我们可以举出一些例子，比如狗，它

★
为军队工作：机器人有许多不同的军事用途，包括拆除炸弹、搜寻困在建筑物中的人。左图是一个派克波特机器人。
iRobot

由狼培育而来，成为人类的伴侣。回顾历史，实际上我们这样做并非一件不自然的事情。"

养宠物是很平常的事，对大多数人来说——"猫女士"（cat ladies）可能是例外——它们不能代替人类。我们将来可能也会这么看待机器人：不是完全替代人类，而是另一个有自己优缺点的造物。伴侣机器人可能最终会成为一种宠物，需要我们以人道和爱来对待，而不是成为同类。

杀戮机器：
军队中的机器人

军事技术领域的机器人技术也在崛起。当苏联在1957年发射人造地球卫星时，美国完全没有思想准备。美国总统德怀特·艾森豪威尔认为再也不能这样了。为此，一年后，他成立了高级研究计划局（简称ARPA）。1972年，该机构重新命名为国防部高级研究计划局（简称DARPA）。从那时起，该军事研究组织一直是新型军事技术发展的一股推动力量，包括军用机器人。DARPA的年度预算为28亿美元，使得美国在军用机器人领域遥遥领先，被称为"最大玩家"。

21世纪初，DARPA还组织了一些竞赛，意在开发无人驾驶汽车（DARPA大挑战）和用于灾区的类人机器人（DARPA机器人挑战）。当然，美国也希望能够将这些民用机器人技术用于军事行动。

其中一些应用针对非武装机器人，比如那些可以拆除简易爆炸装置的机器人，但武装机器人也在研发中。这些机器人通常被通俗地称为"杀手机器人"或"killbots"，但军方更喜欢使用"致命性自主武器系统"这个术语。不管人们怎么称呼，武器机器人的使用引发了无数道德问题。军用机器人杀死人类的自主权应该有多大？它们如何遵守国际人道主义法？是否会导致一场新的军备竞赛，争夺日益增多的智能武器？

2005年，美国国防部制订了一个长期计划，推动军方更多地使用自主武器。目前，遥控系统是唯一正在使用的自主武器，比如无人机，但接下来，军事系统逐渐可以自己做更多决定。美国国防部预计在2050年部署第一个完全自主的武器系统。这些系统将在预设的区域内选择自己的目标。一旦激活，人类就再也不能控制它们了。

2000年前后，机器人武器的发展比人们的预期要快得多。2002年，美国对阿富汗境内的塔利班发动了第一次无人机袭击。到目前为止，这类无人机都需要从美国本土控制，但一种能够自行识别并摧毁目标敌人的飞机已经在研发中，那就是X-47B。它的原型机已经投入使用，更先进的版本最早可能在2020

★
更加人性化？一些人认为，无人机可以通过自动瞄准来拯救生命，但另一些人则对远程控制战争的兴起感到担忧。
维基百科公共资源

年具备飞行能力[1]。其他国家，如俄罗斯、以色列、印度、法国、英国等，也在开发他们自己的全自主军用机器人。

以色列军队配备了守护者机器人装甲车，可以在加沙地带的边境巡逻，并能自主开火。该系统目前也是在人类的监督下运行（并受到国际社会的压力），但原则上，该系统也允许人类将扣动扳机的决定权留给机器人。

自主武器的支持者提出了许多有利于他们的论点。例如，自主武器可以在战斗中拯救己方生命，因为它们不需要驾驶员。它们也可以拯救敌人一方的生命，因为可以进行更精确的攻击。这个想法源于机器

1　X-47B无人机于2011年首飞，并在2013年成功完成了一系列地面及舰载测试。——编者注

人武器的诸多传感器，以及收集不同类型数据的能力，它们可以做出更理性更道德的决定，因为可以看穿传统战场的"战争迷雾"。

自主武器还可以帮助降低成本，它们反应更快，永远不会疲惫，永远不会报复、恐慌、愤怒，能够对没有类似武器的国家起到威慑作用，还能用于人类无法到达的地区。

自主武器的反对者则用道德上的理由反驳，认为只有人类才能决定生死，机器人则不行。机器人无法理解冲突的背景，无法从道德上理解人类的价值观，也无法理解人类行为背后的动机。另一个问题是，机器人能否评估对手是严重受伤还是即将投降？这个问题很重要，因为国际人道主义法禁止向受伤或试图投降的士兵开枪。

战争法还规定，使用暴力必须与预期的军事利益成比例。能否让机器人来考虑这个问题值得怀疑。

自主操作的武器还会降低暴力的使用门槛，鼓励冒更大风险攻击敌人，比如以低于人类飞行员愿意承受的高度飞行。由于它们可以更精确地打击目标，所以更多目标有可能被击中，反过来会导致更多无辜平民伤亡。

这就提出了一个问题，当地人会做何反应？如果无人驾驶武器被视为"懦夫"，更多的人可能不愿意结束冲突，使用自主武器的国家可能会成为恐怖袭击的目标。

在遥远的将来，自主操作的武器或许也可以具有学习能力，这样一来，谁应该为武器做出的决策承担责任，这个问题会变得更加难以回答。

自2013年以来，国际组织"杀手机器人禁令运动"主张禁止使用自主武器，与现有的禁止生物武器、化学武器和特定技术的禁令类似。这些禁令针对致盲对手的激光武器或用来杀伤人员的地雷，并不针对坦克之类的装备。该运动的联合发起人、机器人科学名誉教授诺埃尔·夏基说，自主武器在使用过程中可能出现的错误太多了，不容忽视，而且存在一个人类永远不能逾越的界限："机器人永远不应该拥有杀死人类的权力。"

2015年，生命未来研究所发起了一场反对使用自主武器的请愿，得到了专门研究人工智能和机器人科学的学者的支持。这份由许多顶尖科学家签名的请愿书的结尾这样写道："我们相信人工智能在很多方面都有造福人类的巨大潜力，这也正是该领域应该实现的目标。开始一场军用人工智能的军备竞赛是一个坏主意，应该禁止超出人类有效控制的攻击性自主武器来防止军备竞赛的发生。"

机器人时代的
社会影响

卡特丽娜·穆勒是欧洲经济和社会委员会（EESC）成员。多年来，穆勒一直利用自己的法律背景为工人维权。2017年春天，她在采访专家的基础上发布了一份人工智能的咨询报告。

穆勒说："数字化已经提上议程很长时间了，我偶尔会读到一些人工智能的文章。当读到斯蒂芬·霍金和埃隆·马斯克等人将人工智能视为'对人类的威胁'时，我决定对这一主题做更深入的了解。为了更好地享受人工智能带来的所有好处，我们还必须了解它带来的风险和挑战。否则，我们会因为恐慌和缺乏了解而开始制定各种规章制度。没人想看到这样，所以我选择先一步了解来防止这种情况发生。"

应该如何解除人们对自动化和人工智能的担忧？穆勒说："人们经常被科技压垮，但完全没有必要。作为一个社会，我们有别的选择。人们很快就会觉得，机器人是伟大的，因为它们接手了无聊、肮脏和危险的工作，这样我们就有更多时间去做更喜欢的工作。这当然很好，但是如果雇主这样想会怎样呢：太好了，现在我可以解雇所有的员工了。雇主应该承担起自己的责任，不要把这些人推到一边，更好的做法是利用他们扩大公司规模，开发新事物。这对全公司和整个

　　　　　　　　　　　　　　Ⅲ T

社会都有好处。另一方面，员工必须灵活，接受一定程度的自动化。"

穆勒的报告受到好评。"欧盟委员会认为这些话很'接地气'，而不是在冒犯谁。我完全不觉得受到冒犯。也许他们担心这过于危言耸听，但事实并非如此。例如，我们不应该过分关注超级智能，因为现在有那么多别的事情可以做。"

穆勒立即开始了工作。"我们应该努力为人工智能制定标准，就像我们为食品、洗衣机和其他消费品制定标准一样。这些标准不仅应该包括系统安全，还应该涉及验证、责任，以及对我们的道德价值观和基本人权的尊重，比如隐私。我是欧洲政策层面第一个要求制定这些标准的人。制定并让人们接受这些标准，还需要一段时间。"

但是人工智能和机器人能和洗衣机相比吗？穆勒说："人工智能的全新之处在于自我学习能力。我们永远无法完全理解为什么一个自学系统会表现出特定行为。"所以重要的是，我们必须开始思考谁应该为这个自学系统承担责任。

穆勒说："在我这份报告发表的几个月前，欧洲议会发布了自己的人工智能报告。大部分内容都很相似，不同之处是他们想进行一个研究，讨论能否让智能机器人成为法律实体。这背后的想法是，随着时间的推移，自主学习系统的创造者不再控制系统自学的内容，因此不应该为此承担责任。"

穆勒对此强烈反对："你永远不应该走那条路。承担责任还起到一个预防的效果：开发者应该觉得他们有义务给市场带来一些好的东西。你不能说：这是一个智能系统，它要承担自己的责任。如果你这样做了，制造商就会抓住任何机会说'但它有人工智能！'来逃避责任。我总是把人工智能比作恶狗，身为主人要对其负责。"

12

机器人的漫长历险
Een Robot Odyssee

在机器人世界中
工作的未来

国际机器人联合会（IFR）预测，在可预见的未来，机器人的销量将以每年10%到20%的速度增长。这个预测包括了工业机器人以及消费者和企业购买的服务机器人。机器人技术快速发展对未来人们的工作有什么影响呢？

2013年，牛津大学研究人员卡尔·贝内迪克特·弗雷和迈克尔·奥斯本发表了一份名为《就业的未来》（*The Future of Employment*）的报告，过去几年媒体非常关注这项研究。他们计算出，未来20年内，美国47%的工作岗位将实现自动化。中产阶级的工作将受到特别严重的打击，大部分自动化将由计算机完成。目前，机器人只能执行可预测的体力任务，因此只有一小部分工作由机器人来完成。2014年，德勤（Deloitte）对荷兰经济做了类似的研究，得出的结论大体一致。

来自荷兰政府政策科学委员会（WRR）的罗伯特·温特说，这两项研究得出的结果令人担忧，我们应持保留态度。从2015年开始，温特就是WRR的研究《掌握机器人》（*Mastering the Robot*）的第一作者。温特说："弗雷和奥斯本用一种过于简单的方式定义'工作'，就好像一份工作只包含一项任务。在现实中，绝大多数工作都包含大量任务。相比2015年，今天我要更强调这一点。有一些任务可以自动完成，但有一些则不能。你通常可以使用自动化的方式搜索信息，但是对于社交互动工作，比如做演讲或与同事协调配合，自动化是不可能的。"

自从牛津大学发表研究结果，经济合作与发展组织（OECD）和咨询机构麦肯锡公司（McKinsey & Company）等组织进行了新的研究，将工作视为多项任务。这些研究得出的结果在温特看来要现实得多："根据OECD的数据，在未来20年里，全自动的工作岗位不会超过9%。麦肯锡则认为这一比例不到5%。"

虽然只有数量有限的工作即将彻底消失，但WRR的研究结论得出，有60%的工作，性质将会改变。温特说："例如，法官将能够准确、可靠地搜索案件记录。这样她就有更多的时间来准备判决。从经济角度来看，最好不要使用自动化来削减劳动力成本，而是让员工利用新获得的空闲时间来创造新的附加价值。例如，他们可以为客户提供更多的个人服务或者想想如何改进生产流程，这些是机器人做不到的。"

经济学家强调，自动化并不是一种我们无法控制的自然现象。"政府、企业、社会合作伙伴，还有工程师，都可以把自动化引向理想的方向。以医疗和教育领域的机器人为例，我们不必致力于让机器人取代人类，可以有意识地投资机器人，作为教师或护工的补充。这样既理想又符合现实情况。"

此外，每一种趋势通常都会引起反对。一方面，超市越来越多地推出自助结账服务，使得收银员变得多余；但另一方面，苹果商店有很多受过良好教育的销售专家，为顾客提供快速、知情和个性化的服务。

温特说："人们对机器人崛起的预测往往过于乐观。我学着将乐观的预测值除以10，得到的结果差不多更接近现实。比如大学校园里的机器人比萨外卖车。这是个好主意，但这种应用的体量太小了。再看看中国有些地方曾实验让机器人负责接单、端食物、端饮料，但这些机器人很快就被'放弃'了，因为它们会撞到客户，把点单的食物弄洒，还有其他各种各样的问题。另一方面，某些地方的麦当劳正在尝试提供人工餐桌服务。很多人仍然喜欢这项服务，一些上了年纪的顾客也不愿意自己拿着托盘。"

未来工作将如何变化？基于上述结论，WRR提出了4项建议。"首先，我们必须投资机器人科学，"温特说，"随着许多西方国家的人口开始老龄化，我们会越来越需要机器人。我们将不得不用更少的工人生产更多的产品，还必须照顾越来越多无法再工作的人。"

说起投资机器人科学，温特认为机器人开发必须与实际使用机器人的工人合作，这一点至关重要。应该询问工人他们需要什么，而不是仅仅因为技术上可行就制造。他以飞利浦公司开发的一种提醒老年人吃药的设备为例。从技术角度来看，它很有效，但老年人不喜欢使用，因为这个设备会提醒老人，他们每天都很孤独，没有家庭成员或护理人员提醒他们吃药。温特说："在那之后，飞利浦意识到他们需要的可能不是更多的技术人员，而是更多的心理学家和社会学家。"

其次，自动化将意味着许多人需要再培训。人们将不得不学习如何与机器人一起工作。他们还必须完善机器人尚不具备的知识和技能。这些能力包括创造力、社交能力、同理心、灵活性、解决问题的能力、提问能力、合作能力、系统思维能力、继续学习和改变自身的能力。越是对这些技能有高要求的工作，自动化的难度就越大。

再次，自动化将对财富和收入分配提出新的问题。温特说："一些人的收入会增加，而另一些人会失去收入。我认为应该对那些再培训后依然无法就业的群体慷慨解囊，提供某种形式的财政保障。我们必须密切关注财富和收入的变化。"

最后，机器人应该是人类的补充，而不是替代品。温特说："不要把人当成机器人，要制造能帮助人们更好工作的机器人。让人们为自己和机器人的工作负责。人们会因此感到快乐，工作效率也会最大化地提高。技术应该为人类服务，而不是让人服务于技术。"

和软体机器人
身心融合

利用技术提升自己并不是一个奇怪的想法。隐形眼镜是一种简单的方法，可以帮助远视者或近视者看得更清楚，但镜片也可以用于显微镜和望远镜，帮助我们看到那些肉眼无法看到的小物体，或者几百万光年之外的星系。

义肢有时甚至比人原本的四肢更好。像南非短跑选手奥斯卡·皮斯托瑞斯这样佩戴碳纤维刀锋假肢的运动员，可以和正常用双腿跑步的人类一样快，甚至比他们更快。在一次 TED 演讲中，美国运动员兼演员艾梅·马林斯解释说，她并不会因为没有小腿而觉得有障碍或者有残疾。事实上，她觉得自己有点像超级英雄，可以根据需要和当下的心情在不同的假肢之间自如切换。时装设计师亚历山大·麦昆为她制作了一双手工雕刻的白蜡木腿，她还为一个电影中的角色配了一双透明的小腿。马林斯的衣橱里还有不同长度的假肢，这样当她去参加派对时，就可以让自己看起来比平时高10厘米。她缺失的小腿就像一张空白的画布，可以用任何想要的方式将其填满。

如果只是相当简单的假肢就能创造出这么多的选择，机器人科技的加持就可以提供更多可能性。成为一个与科技共生的人，这个想法乍一听可能有点吓人：那我不就变成一个赛博格了吗？但是，甚至你自己都没有意识到，你可能已经朝这个方向迈出了几步。几天没带智能手机的人都会注意到，我们已经习惯了口袋里有一部手机的生活。只有到那时你才会意识到，外出时你和别人联系的频率是多少：你的地址是什么？要我带外卖吗？我要迟到了！当你要去一个从未去过的地方，能用手机查看一下是否还在正确的路线上是多么方便。

身体和大脑与一个没有生命的物体融为一体，这种感觉其实比你想象的更平常。当你第一次尝试滑板或溜冰鞋时，你可能会感到不稳定、不协调。但是练习得越多，你就越觉得滑板和溜冰鞋就是身体的一部分。小时候你学会骑车后，会精确地知道转弯时速度能有多快、弯能转得有多急、如何在低速时完美保持平衡。坐轮椅或使用外骨骼行走的人，一段时间后也会觉得这些设备就是自己身体的一部分。

从某种意义上说，我们都是赛博格，与智能手机、电脑、自行车融合在一起。只是有一个重要区别，我们可以很容易地把这些设备摘下来。或许成为一个赛博格也不是那么糟糕。在书籍和电影中，赛博格通常拥有超人的力量，比人类跑得更快，战斗得更好，跳得更高。如果技术可以帮助我们更好地工作，为什么要否认自己的这种能力？如果机器人零件的功能比我们自己的"生物"身体更好，那么用零件逐步取代我们某些身体部位也并不奇怪。跑得更快的腿，更有力的手，更锐利的眼睛，更灵敏的鼻子，更优美的嗓音，更洁白的牙齿……

可以根据指令改变颜色和硬度等特性的材料，也就是所谓智能材料，有助于实现上述改进。使用智能材料，我们也许能够制造"外服"：一种柔软的机器人服，可以帮助我们在更长时间内保持更灵活的状态。这类机器人服装应该也能让我们力量更强、跑得更快。

科学家也在研究软体机器人材料，这种材料可以植入人体来修复和替换受损的器官。专家预测，在未来10到15年内，我们将开始在医院看到这些"生物集成"的软体机器人。智能材料还能制造出结束体内工作后就完全溶解的机器人，比如可以用来将人造组织输送到受损器官。从这个意义上说，机器人科技正在接近化学领域：人体不会排斥的可降解分子使这类"机器人药物"的开发成为可能。

另一个涉及化学的机器人科学领域是纳米机器

人。机器人越小，在分子水平的治疗就越有可能。格罗宁根大学教授、化学家本·费林加因其在"分子马达"方面的研究获得了2016年诺贝尔奖。分子马达也被称为"纳米机器人"，只有几纳米宽，暴露在紫外线下会移动。未来，纳米机器人可以用来把药物送到人体的特定部位。

我们并不认为纳米机器和智能材料是真正的机器人，但这可能代表了机器人科技的未来：机器人不仅包括看起来符合经典想象的金属机器人，而且也有服装和药品中那种几乎无法看见的机器人部件。这样一来，科技可以与人类结合，创造出更好、更健康的人体。

让智能机器人变得有创造性

科幻电影《我，机器人》（2004）中的时间设定为2035年。侦探戴尔·史普纳正在审问人形机器人桑尼（Sonny），询问著名机器人设计师的自杀事件。在调查过程中，史普纳对桑尼说："人类有梦想，甚至狗也有梦想。但你没有。你只是一台机器，一种对生命的模仿。机器人能创作交响乐吗？机器人能把画布变成一幅美丽的杰作吗？"

桑尼回答说："你能吗？"

的确，说得好像每个人都那么有创造力。

因为我们并不真正理解创造过程如何进行，所以倾向于将这一现象神秘化。古希腊人认为创造力起源于神。但2016年在计算机AlphaGo和人类世界冠军李世石的围棋比赛中，计算机走了很聪明的一步，丰富了整个棋局。然而，当电脑走出那一步时，一时间所有的围棋分析师都认为它很愚蠢。没有一个围棋冠军会想到那样走。只有经过更深入的分析，他们才意识到计算机是完全正确的。

这一步
真的有创造性吗？

★
演奏马林巴琴的机器人。
盖伊·霍夫曼

这取决于我们如何定义"创造性"。大多数对创造性的定义至少包含两个要素：这个产品必须是新的，然后，它必须在某种程度上有用，可以应用，或者说有价值。回形针的发明创造出一种全新的事物，而且它很有用，所以我们认为回形针是一项创造性的发明。艺术家的作品是新的创作，而且有文化价值，所以我们也认为这些作品有创造性。

有时候，创造性的定义会增加额外的要求。这个产品不仅要新，而且要"跳出框框"。有了这个额外要求，孩子画出一个微笑的太阳就不算有创造性，因为很多孩子画的都一样。但爱因斯坦的相对论是有创造性的，因为这要求他"跳出框框"去思考，必须把引力看作是空间和时间特征的结合。

AlphaGo走出的这一步在围棋比赛中是全新而有用的。这也是"跳出框框"。人类永远不会走出那一步，因为比赛的经验告诉他们这是一个糟糕的选

★
哈罗德·科恩与他的绘画机器人亚伦。
哈罗德·科恩遗产

　　　　　　　　　　　12　机器人的漫长历险

择。因此，根据这一定义，AlphaGo的确走出了创造性的一步。

从那时起，机器人就开始作曲，开始演奏音乐，还有计算机程序可以创作散文和诗歌。在网站botpoet.com上，你甚至可以尝试猜测一首诗是人写的还是电脑写的，这其实很难做到。并不是说计算机能理解它写的东西，也不是说它写诗是带着特定的意图，只是最终的结果看起来很像是人类写的诗。

事实上，很多人都错误地认为美国作家格特鲁德·斯坦的诗是电脑写的，因为她的诗带有一种明显的机器一样的拧巴："玫瑰就是玫瑰就是玫瑰就是玫瑰。"

2016年去世的英国画家哈罗德·科恩是绘画机器人亚伦（Aaron）的创造者。人类无法分辨亚伦的画是人类还是机器人创作的。科恩自己认为这个机器人具有的创造性是"小写的"，而不是"大写的"。他的意思是，亚伦由一系列规则编写而成，只是在其中添加了一些随机变化。计算机先驱埃达·洛芙莱斯在19世纪描述了这样一种方法：如果一台机器只能按照编程做事，那怎么能说它有创造性呢？

亚伦可以创作出有趣而全新的绘画作品，但它永远不能创造出全新的规则，也永远不会从根本上改变自己的计算机程序。像毕加索这样的画家，发展出了一种全新的绘画风格，能够做到亚伦做不到的事情，这就是为什么科恩称毕加索的创造性为"大写的创造性"。

然而，机器人为什么不能有"大写的创造性"，并没有本质原因。创造性的产生往往发生于两种完全无关的想法在无意识情况下的碰撞，并由此产生全新的东西。像人类一样，机器人可以在现实世界中实验，获得新的体验，最终将现有的想法结合在一起，做出真正"跳出框框"的东西，比如一种革命性的全新绘画风格或物理学理论。这种情况可能不会在明天发生，但并非完全不可能。

然而，围棋比赛和物理世界的主要区别在于解决方案的可能范围。在围棋中，可能的解法在一个精确范围之内。可选的走法或许数量大到令人难以置信，但仍然有限，而且所有的走法都是已知的。然而，在物理学领域，可能的解法实际上有无限大的范围。爱因斯坦是如何想到把时间和空间结合起来，并把引力看作一种时间和空间结合的特征？这是一个谜。

在物理学中，就像在日常生活中一样，一个问题的可能解决方案的范围，为整个物理现实加上一个人头脑中所有的概念和想象。这使得它的规模大到不仅难以想象，且难以用规则来描述。人类已经通过经验学会了如何通过这些可能性来寻找解决问题的方法。然而，如果一个机器人能够获得足够多的经验，收集足够多的数据，并且能够使用非常有效的学习模型，

12 机器人的漫长历险

那么原则上它应该能够像人类一样从自己的经验中学习并找到解决新问题的创造性方法。

在曼彻斯特大学，计算机科学教授罗斯·D.金制造了机器人科学家夏娃。夏娃装有多个机械手臂、摄像机、传感器和吸液管。这个机器人对酵母细胞进行全自动科学实验，可以自己从冰箱中取出酵母细胞。夏娃还对酵母细胞基因的功能提出了假设。它设计实验来验证这个假设，之后进行实验，分析结果，甚至提出了对后续研究的建议。金在网络电话采访中解释道："举个例子，夏娃已经发现了一种物质，或许可以用来治疗疟疾。"

金正在努力采用制药公司的研究过程来研制新药，并尽可能地将这一过程自动化。"实际上，机器人从事科学研究比艺术创造更容易，因为科学涉及很多形式推理，而机器人在这方面比人类做得更好。此外，当人类实验时，有时他们只会看到自己想看到的结果。但如果程序设计得当，机器人只会看到真实的结果。"

目前，夏娃还需要大量的人为监督。此外金解释说，目前机器人在科学、艺术和建筑等创造性工作中提供的附加值，主要体现在补充人类创造力方面，当然随着时间的推移它们的贡献会体现在更多地方。"我认为创造力存在一个范围值，从夏娃这类机器人已经表现出的创造力，到你我拥有的创造力，再到爱因斯坦和毕加索这样的创造性天才。一步一步，机器人也将变得越来越有创造力。我相信，理论上人类能做的所有事，机器人都可以做，而且最终它们能做得更多。"

机器人真的会
统治世界吗？

机器人会统治世界吗？我们应该害怕超级智能吗？电脑已经可以在国际象棋和各种电脑游戏中打败我们。在现实世界中，它们要花多少时间来取代我们？

朝这个方向迈出的第一步也许是一个真正的人类机器人，一个是"人"而非"事物"的机器人，它拥有自由意志，从造物主那里解放自己。但是机器人真的能发展出意识吗？你又是怎么发现它有意识的？毕竟，你已经可以为一台计算机编写程序，让它在面对"你有意识吗？"这个问题时，肯定地给出"有"这个答案。

哲学，以及对意识的思考，已经存在了数千年。计算机和机器人是否有意识的思考只持续了相对很短的时间。然而，计算机科学的创始人、数学家艾伦·图灵在1950年提出了疑问：机器会思考吗？实际上，他发现这个问题"毫无意义，不值得讨论"，因为你如何才能真正发现机器是否会思考？我们所说的"思考"到底是什么意思？

由于外界很难判断一个物体是否会思考，因此图灵提出了一个模拟游戏来代替这个问题。在这个我们现在称之为"图灵测试"的游戏中，有一个人和一台电脑。他们都假扮自己都是人类，由一个被试者与它们分别交谈，来找出他们中哪个是电脑。图灵预测，到2000年，就可能有电脑能很好地通过这个测试，一个普通的询问者经过5分钟的提问后，能做出正确判断的概率不会超过70%。

根据对图灵测试的个人理解，可以有不同的测试方式。2014年，一个机器人通过了这样一个图灵测试：聊天机器人尤金（Eugene）能够让足够多的询问者相信它是一个人。然而，如果图灵能够看到这一幕，他毫无疑问会调整测试的要求。这个聊天程序的设定是一名13岁的乌克兰男孩，因此询问者不会对它提出太高要求，至少不会期待它表现得像一个以英语为母语的成年人。

图灵于1954年去世，因此无法看到这一领域后续的大部分发展成果。然而，在1950年，他预测会有一场热烈讨论：机器人是否能变成人类？他设想反方有9条反对思维机器的主要论点。比方说神学角度：上帝给了人类灵魂，这个灵魂确保了我们能够思考，因此机器和动物就必然不能思考。还有"鸵鸟心态"：我们发现人比其他所有东西都优越，因此我们无法想象机器也可以是人。

还有一种可能的反方观点，图灵称之为"意识反对"。图灵说，你永远无法确定另一个人是否有意识，但当我们和人打交道，并和他们有了足够高水平的交往时，很快我们就会假定他们有意识。但如果你和一台机器也有如此高级的互动，比方说这台机器通过了图灵测试，那就没有理由否认这台设备有意识。

图灵还提到了"有缺陷的争论"。这实际上是一组论证，看起来都像是"我承认你能制造出能做你刚才描述的所有事情的机器，但你永远无法制造出X能做的机器"。这个X可以是任何东西，但是图灵提到了一些选择："为人善良；足智多谋；美丽动人；友好亲切；首创精神；有幽默感；明辨是非；会犯错误；坠入爱河；享受草莓和奶油；让某人爱上某人；从经验中学习；正确使用单词；成为自己思想的主体；和人一样有多种多样的行为；做一些真正新的事情。"

图灵说，人们之所以会这样想是因为缺乏想象力，想象不出如此新颖的东西。第一个享用草莓和奶油的机器人还没有制造出来，但在可预见的未来，这并非不可能。这是一个软弱无力的论点：在图灵的文章发表后的几十年里，我们已经能够划去一些被列出的"缺陷"，而你可以不断用新的东西来补充这个列表。

然而，许多人担心，机器人变聪明后就会统治世界。因此，物理学家斯蒂芬·霍金警告说，人工智能的发展可能意味着人类的终结。特斯拉电动汽车创始人埃隆·马斯克曾表示，人类可能不过是超级智能机器人的宠物。

但霍金和马斯克都不是机器人和人工智能领域的专家。一组专家在《人工智能百年研究（AI100）》（One hundred year study on artificial intelligence [AI100]）的权威研究中得出结论："与流行媒体对人工智能偏于荒诞的预测相反，研究小组发现，没有理由担心人工智能对人类构成了迫在眉睫的威胁。能够自行维持长期目标和意图的机器还没有被研发出来，短时期内也不太可能被研发出来。"

人工智能计算机和机器人已经非常擅长某些工作。但是"通用人工智能"，也就是一个可以实现人类能做到的所有事情的计算机或机器人，距离我们还很遥远。从一个会走路、会说话、会下棋、会开车的机器人到真正的智能，这一步已经迈得非常大，更不用说超级智能了。

根据大多数机器人专家的说法，制造对人类构成威胁的超智能机器人在理论上是可能的，但在实际上不太可能。机器人专家艾伦·温菲尔德说："如果我们能开发出与人类等效的AI，并且这个AI能够完全

★
机器人爱你。
本尼·莫尔斯，华沙哥白尼科学中心

12　机器人的漫长历险

理解它是如何工作的，如果它能提高自身能力然后生产出超级智能AI，如果这个超级AI，不论处于无意还是有意，开始消耗资源，这时如果我们不能拔掉插头，那么，是的，我们可能有麻烦了。这种风险倒不是不可能，只是可能性很小。"

怀疑论者协会（The Skeptics Society）的创始人、美国科学作家迈克尔·谢默补充道："为什么人工智能想要接管地球？一个超级智能机器人不需要表现得像一个想要摧毁对手的雄性领袖。它很可能是一个爱好和平的生物，想为我们解决所有问题。"谢默说："鉴于历史上世界末日的预言成功率为零，再加上人工智能在过去几十年里逐步发展，我们有足够的时间来建立故障安全系统，以防止任何类似的世界末日。"

机器人大事记

TIJDLIJN VAN ECHTE
EN FICTIEVE ROBOTS

1920 年之前 科幻

公元前 9 世纪或公元前 8 世纪，自动机器（《伊利亚特》，荷马）

——史诗

在史诗《伊利亚特》中，荷马描述了第一个"自动机器"，由神圣的铁匠赫菲斯托斯和雅典工匠代达罗斯制造。

皮格马利翁的雕像

——古希腊神话

根据古希腊神话，皮格马利翁创造了一尊美丽的象牙女子雕像，他爱上了这尊雕像。阿佛洛狄忒把雕像变成了一个真正的女人，从此两人幸福地生活在一起。好几个作家记录了这个神话，包括罗马诗人奥维德的《变形记》。

石巨人

——犹太传说

在犹太传说中，石巨人是一种由法师赋予生命的黏土生物。

1818 年，弗兰肯斯坦的怪物（《弗兰肯斯坦》，玛丽·雪莱）

——小说

科学家维克多·弗兰肯斯坦用人类肢体制造了一个生物，并赋予它生命。这个生物逃跑了，还发展出杀人的倾向。几十年后，艾萨克·阿西莫夫创造了"弗兰肯斯坦情结"这个词，用来描述我们对机器人与生俱来的恐惧，以及他鄙视的那种技术恐惧症的世界观。

1883 年，匹诺曹（《匹诺曹历险记》，卡洛·科洛迪）

——小说

木雕匠格培多得到一块有灵性的木头，他把这块木头雕刻成木偶小男孩：匹诺曹。

1920 年之前　现实

公元前 400 年	希腊科学家阿契塔制造了一个木制的鸽子形状的自动装置。这个像鸽子一样的自动装置是现代机器人的前身。
公元 800 年	相传为摩西之子的波斯三兄弟受巴格达哈里发委托，撰写了《巧妙机械装置的知识之书》（Banū Mūsā），在其中他们也描述了一些自动机器。
13 世纪早期	波斯的艾尔 - 加扎利建造了一个由 4 个音乐家组成的简单机器人管弦乐队。
1497 年	列奥纳多·达·芬奇设计了一个机器人骑士。几年后，他向法国国王展示了一只机械狮子。
17—18 世纪	日本工匠制作的自动机械玩偶，称为机关人偶。这些玩偶能够射箭，或者为客人奉上一杯茶。
约 1750 年	弗里德里希·冯·克纳斯建造了能演奏乐器和写短句的机器人。
1769 年	沃尔夫冈·冯·肯佩伦建造了"土耳其人"（The Turk），一个假的国际象棋机器，里面藏着一个人类棋手。
1805 年	约瑟夫 - 玛丽·雅卡尔开发了一种通过穿孔卡片控制织机的方法。英国纺织工人抗议，担心因此失去工作。
1898 年	尼古拉·特斯拉演示遥控潜水器模型。

1920年，第一次使用"机器人"这个词来形容一个机器

（《罗莎的万能机器人》卡雷尔·恰佩克）

——舞台剧　　　　　捷克作家卡雷尔·恰佩克首次使用"机器人"（robot）一词，源自捷克语中形容"强迫劳动"的一个词："robota"。这些机器人是有肉身的类人机器人，是完美的劳动者，在工厂、办公室甚至是军队中工作。人类无事可做，变得懒惰，甚至停止繁殖。当机器人开始获得更多的人类特征时，它们就会奋起反抗人类压迫者。

1921年，机械人（《机器人》，安德烈·迪德）

——电影　　　　　　银幕上第一次出现两个飞行的机器人。一群小偷偷了一个机器人，并利用它从事各种犯罪活动。电影的一部分已经丢失，剩下的部分保存了下来，现在这部电影的版权进入公有领域，因此可以在YouTube上合法下载。

1927年，Maschinenmensch、机器人玛丽亚（《大都会》，弗里茨·朗）

——电影　　　　　　在一个反乌托邦的未来，绝大多数人类生活和工作在地下，以支持地面上少数人幸福地生活。一位疯狂的教授受已故爱人玛丽亚的启发，制造了一个机器人，并赋予它生命。Maschinen-mensch激起了地下工人的抗议，导致抽水设备全部瘫痪，有可能淹没这座地下城市。

1920—1929年 现实

1929年 在英国和美国的博览会上展出了第一批长相近似人类的机器人。

1939年，铁皮人（《绿野仙踪》，维克多·弗莱明）

——电影　　　　　　多萝茜和她的狗托托被龙卷风带到了神奇的奥兹国。在那里，她们遇到了铁皮人，一个机器人一样的金属人，它最大的愿望是拥有一颗心脏。

1942年，斯皮迪（《转圈圈》，艾萨克·阿西莫夫）

——短篇小说　　　　第一次提到了机器人三定律。机器人斯皮迪接到命令到湖中采硒，但它会因湖周围积聚有害气体而畏缩。由于斯皮迪是一款极其昂贵的机器人，它的制造商强化了机器人第三定律，防止斯皮迪置自身于危险之中。

当斯皮迪接近硒湖时，它感觉到第三定律和第二定律的矛盾，第三定律要求它不要离湖太近，否则会身处危险之中，而第二定律要求它按照人类的命令采硒。

1930—1949年 现实

1939年

纽约世界博览会上展出了一款名为Elektro的2米高的类人机器人。Elektro会走路，会说话（700个单词），还会抽烟。

1940年

Elektro有了同伴，机器狗Sparko。

1942年

首个可编程喷漆机器专利获批。

1948年

威廉·格雷·沃尔特和妻子薇薇安制造了第一批移动机器人，依靠电力运行的埃尔默和埃尔西，绰号"海龟"。

1949年

剑桥的莫里斯·威尔克斯制造的EDSAC计算机，是世界上第一台能够在内存中存储计算机程序的计算机。经历第二次世界大战期间和之后第一个电子计算机的发展，人们第一次有可能制造可编程机器人。

1951年，戈特（《地球停转之日》，罗伯特·怀斯）
——电影
外星人克拉图和他的机器人戈特给地球带来了和平的信息。

1952年，阿童木（《阿童木》，手冢治虫）
——漫画
机器人男孩阿童木展示了自己超人的能力，它是一个真正的超级英雄。它在20世纪50年代第一次出现在日本连环漫画中，随后还在几部系列动画片、一部真人电影、一部动画电影和一些电脑游戏中出现。

1954年，托伯（《伟大的托伯》，李·肖洛姆）
——电影
考虑到太空旅行对人类来说太危险，研究人员制造了类人金属机器人托伯。但是在托伯被送往太空之前，发明家和他的孙子遭人绑架，托伯急忙前去营救。

1956年，机器人罗比（《禁忌星球》，弗雷德·M.威尔科克斯）
——电影
爱德华·莫比亚斯博士和女儿爱尔狄娜，以及他们的机器人罗比住在一个遥远的星球上。罗比不仅是一个完全成熟的角色，也是幽默的源泉。
这个机器人的服装成为真正的电影明星：它后来被用于其他的影视剧中，包括《隐身男孩》《亚当斯一家》《迷失太空》。

1951年	法国人雷蒙德·格尔茨发明了第一个遥控机械手臂。
1953年	第一个遥控潜水机器人用于水下摄影。
1954年	乔治·德沃尔发明了第一个可编程机械手臂。
1956年	在达特茅斯召开了人工智能夏季研究项目会议，这个会议通常被视为人工智能的起点。

1962年，罗茜（《杰森一家》，汉纳巴伯拉动画）

——电视连续剧　　　　故事发生在2062年的未来世界，罗茜是杰森家族的家用机器人。它会做饭、打扫房间、照顾孩子。

1963年，戴立克（《神秘博士》，克里斯托弗·巴里、理查德·马丁）

——电视连续剧　　　　戴立克是机器人恶棍，最出名的可能是那句令人毛骨悚然的口号"消灭！"它们极具攻击性，用主人公神秘博士的话来说，"无论你如何回应，都会被视为挑衅"。

1965年，特鲁尔和克拉帕丘斯（《机器人大师历险记》，斯坦尼斯拉夫·莱姆）

——小说　　　　在遥远的未来和黑暗时代之间的某个地方，机器人建造者取代了巫师和魔法。有一天，机器人特鲁尔和克拉帕丘斯制造了一台机器，可以制造任何以字母N开头的东西。

1968年，哈尔9000
（《2001：太空漫游》，亚瑟·C.克拉克、斯坦利·库布里克）

——电影　　　　哈尔9000没有经典的机器人身体；相反，它的身体是正在飞往木星的探索号飞船。它不会表达情感，但它毫无疑问有自己的意志。事实上，它的意志足够强大，可以拒绝其中一名宇航员戴夫在太空行走后进入飞船的要求，并说出那句著名的话："对不起，戴夫，我恐怕不能那么做。"哈尔9000的红色摄像眼已经成为科学领域的一个标志。

1960—1969年 现实

1961年	机器人之父约瑟夫·恩格尔伯格创立了尤尼梅逊公司。该公司销售的机器人手臂尤尼梅特，由乔治·德沃尔开发。
1961年	通用汽车公司推出第一款工业机器人：在汽车工业中，机器人手臂尤尼梅特用于为汽车喷漆。在接下来的几十年里，汽车工业是机器人产业发展背后的驱动力。
1965年	人工智能的先驱赫伯特·西蒙预言，在未来20年内，人类能做的所有工作机器也都能做到。
1966年	移动机器人"勘测者"（Surveyor）登陆月球。
1967年	瑞典公司Svenska Metallverken（ABSM）是第一家安装了美国尤尼梅特机器人的欧洲公司。
1968年	麻省理工学院的人工智能先驱马文·明斯基发明了一支有12个关节的手臂：触手手臂（the Tentacle Arm）。
1969年	沙基（Shakey）是第一个可以思考自己的动作并在房间里开车的移动机器人。

1973年，枪手（《西部世界》，迈克尔·克莱顿）

——电影　　　　　　在未来的1983年，参观西部世界游乐园的游客可以通过机器人实现他们最狂野的幻想，主要在性和暴力方面。2016年，一部改编自这部电影的美国同名电视剧上映。

1973年，史蒂夫·奥斯汀（《无敌金刚》）

——电视连续剧　　　宇航员史蒂夫·奥斯汀在一次事故中受伤后，用机器人部件修复他的身体，你猜需要花费多少钱？答案是600万美元。

1976年，安德鲁（《机器管家》，艾萨克·阿西莫夫）

——小说　　　　　　马丁一家购买了一个人形机器人来做家务。机器人安德鲁发展出创造力和幽默感，并决定赎回自由，作为一个人类成长。

1977年，C-3PO和R2-D2(《星球大战》，乔治·卢卡斯）

——电影　　　　　　R2-D2是一个宇航技工机器人，C-3PO有600万种交流方式。在最初的6部《星球大战》电影中，机器人是仅有的由同一名演员扮演的角色。

1979年，偏执的机器人马文（《银河系漫游指南》，道格拉斯·亚当斯）

——小说　　　　　　人形机器人马文实际上是一个失败人工智能的典型形象，它的建造违背了它自身的意愿。马文的大脑拥有整个行星的智慧，但从来没有机会利用它巨大的智能。最终，它患上了慢性抑郁症。

1970—1979年　现实

1973年	"未来工具"（T3）是世界上第一个由微型计算机控制的工业机器人。
1973年	日本人加藤一郎制造了第一个人形机器人：Wabot-1。
1973年	在英国爱丁堡，在唐纳德·米奇的指导下，一款名为"弗雷迪二代"（Freddy II）的机器人可以将几个单独的部件组装成一辆简单的玩具车或一艘玩具船。
1973年	德国公司库卡（KUK）停止从美国进口尤尼梅特机器人，开始研发自己的机器人。
1973年	日本日立公司开发了第一个能拧螺丝的机器人。
1976年	"海盗1号"和"海盗2号"（Viking 1 and 2）探测器上的机械手臂采集了火星上的土壤样本。
1977年	苏联科学院的研究人员建造了六足步行机器人Variante Masha。
1979年	汉斯·莫拉维克制造了斯坦福手推车（the Stanford Cart），这是一种可以在房间里四处行驶的自动驾驶汽车。
1979年	福特汽车公司的一个工业机器人杀死了一位美国工程师。这是已知的第一起由机器人造成的致命事故。

1980—1989年 科幻

1982年，复制人（《银翼杀手》，雷德利·斯科特）

——电影

复制人是经过基因改造的机器人生物，除了缺乏情感，他们与人类完全相同。沃伊特-坎普夫实验测试的是受试者是否有情绪，因此可以区分人类与复制人。但是如果测试表明受试者是没有情感的，但他们又坚信自己是人类，那该怎么办呢？

1982年，基特（《霹雳游侠》，格伦·A.拉森）

——电视连续剧

犯罪猎人迈克尔·奈特的智能汽车基特可以思考、说话并感知周围环境。它的前保险杠上有一排来回闪烁的红灯。有趣的是，基特需要一个人类司机。智能汽车能自动驾驶的想法在20世纪80年代早期太超前了。

1983年，G型神探（《G型神探》）

——动画片

G型神探是一个笨拙的警察，他有各种各样的仿生部件。"走吧，走吧，小武器们！"他发出命令，并把胳膊往前一伸。

1984年，终结者（《终结者》，詹姆斯·卡梅隆）

——电影

"天网"是一个智能电脑程序，它想在一个人类外形赛博格的帮助下消灭人类。这个机器人就是阿诺德·施瓦辛格饰演的终结者。

1984年，汽车人与霸天虎（《变形金刚》）

——玩具

变形金刚是一种能变形成汽车或其他交通工具的人形机器人。最初它们作为玩具推出，后来衍生出了漫画、电影、小说和游戏。

1987年，机械战警（《机械战警》，保罗·范霍文）

——电影

警察亚历克斯·墨菲被杀后，被改造成一个赛博格。伴随这一新身份，他有3个主要任务：服务于公众的信任、保护无辜者、维护法律。

1980—1989年　现实

1980年	美国Automatic公司生产了第一个具有图像自动识别功能的工业机器人。
1984年	瓦伦蒂诺·布瑞滕伯格描绘出一种"车辆"，其结构简单，但能表现出复杂的行为。这种车辆是机器人专家主要的灵感来源。
1986年	红色地带机器人公司（Redzone Robotics）开始生产专门用于在危险环境中工作的机器人。
1989年	罗德尼·布鲁克斯和安妮塔·弗林发表了题为《快速、廉价和失控》（Fast, Cheap and Out of Control）的文章，这篇文章推动了智能化程度相对较低的小型机器人的发展，而非复杂的类人机器人。其中一个例子是同样诞生于1989年的六足昆虫机器人成吉思。
1989年	美国康涅狄格州的丹伯里医院（Danbury Hospital）是第一家使用服务机器人的医院，HelpMate可以为病人端上盛有食物的托盘。

1990—1999年 科幻

1995年，草薙素子队长（《攻壳机动队》，士郎正宗）
——漫画

草薙素子是一个赛博格，童年时发生过一次致命事故，现在靠一套全身义体来生活。

1995年，傀儡（《碟形世界》，特里·普拉切特）
——小说

和犹太传说一样，这些傀儡也是一种用黏土做的机器人。它们明确地遵守阿西莫夫的机器人三定律，并且认为自己是别人的财产，直到它们可以赎回自己的自由。

1996年，博格人（《星际迷航：航海家号》）
——电视连续剧

博格人是一群由博格女王领导的半机械人。它们在太空中旅行，寻找新的生命同化。其中一个博格人名叫九之七，摆脱了博格植入物的控制，加入了航海家号的船员队伍，成为电视剧中最重要的角色。

1999年，班德（《飞出个未来》，马特·格勒宁）
——电视连续剧

班德看起来像一个相当标准的机器人，但它的行为并不完全符合人们对机器人的期望。它嗜酒、吸烟、偷窃、赌博、诅咒、追逐女人，永远在做上帝禁止的事情。

1999年，哨兵（《黑客帝国》，沃卓斯基姐妹）
——电影

我们看到的现实，其实是一种虚拟。一小群反叛者设法突破了虚拟世界，并试图在现实世界中找到关闭虚拟的方法。在这个过程中，他们受到了"哨兵"的威胁——一种外貌为巨型乌贼的自主型杀手机器人。

1990年 机械手臂 "机器人医生" （Robodoc）用于狗的髋关节植入手术。2年后，机器人医生首次应用于人类，同样用于髋关节植入手术。

1993年 罗德尼·布鲁克斯、林恩·斯坦和辛西娅·布雷西亚开始建造COG，希望能在5年内制造出行为近似2岁孩子的机器人。事实证明，这太过雄心勃勃了。

1994年 两辆机器人汽车VaMP和VITA-2，与普通车辆一起行驶在欧洲高速公路上，载客行驶了1000公里。

1995年 "捕食者" （Predator）军用无人机第一次投入使用。"捕食者"由美国境内的一个基地远程控制。

1996年 本田展示了类人机器人P2，它可以行走、爬楼梯和搬运物品。

1997年 第一届机器人足球世界杯在日本举行。

1997年 机器人探测器 "索杰纳"登陆火星。

1997年 美国国家航空航天局开始研发机器宇航员，这是一种没有腿的人形机器人，它将帮助未来的宇航员在宇宙飞船和空间站之外执行任务。

1998年 老虎电子公司（Tiger Electronics）推出 "菲比" （Furby），它是第一个交互式机器宠物。

1999年 索尼公司向市场推出了玩具机器狗 "爱宝" （Aibo）。

2001年，大卫（《人工智能》，史蒂文·斯皮尔伯格）

——电影

当莫妮卡和亨利的儿子得了重病时，他们决定购买机器人男孩大卫。但是，当他们的儿子从医院回来的时候，两个男孩吵了一架，莫妮卡和亨利决定摧毁大卫。在去工厂的路上，莫妮卡改变了主意，把大卫一个人留在了树林里。

2004年，桑尼（《我，机器人》，亚历克斯·普罗亚斯）

——电影

在一次调查中，警察戴尔·史普纳被机器人桑尼袭击。这种行为不被允许，因为所有的机器人都必须遵守阿西莫夫的机器人三定律。桑尼实际上是被人工超级智能维基控制，它威胁着人类的自由意志。

2005年，"铜底"罗德尼和其他角色
（《机器人历险记》，克里斯·韦基）

——电影

在欢快的动画电影《机器人历险记》中，所有角色都是机器人。

2007年，格拉多斯（《传送门》）

——游戏

格拉多斯（GLaDos），生命基因体和磁盘操作系统（Genetic Lifeform and Disk Operating System）的缩写，它是电脑游戏《传送门》的叙述者。女性机器人的声音引导玩家通过游戏的第一关。但后来它转而对抗玩家……格拉多斯获得了游戏最佳新角色和电子游戏最佳反派的几个奖项。

2008年，瓦力和伊娃（《机器人总动员》，安德鲁·斯坦顿）

——电影

瓦力是一个锈迹斑斑的立方体机器人，它负责严重污染的地球上清理废弃垃圾。有一天，优雅的、一尘不染的机器人伊娃降落在地球上，调查这个星球是否再次适于居住。两个角色展开了一场机器人恋情。

2000年 | 本田推出了人形机器人阿西莫，它是1996年P2的新一代。

2000年 | 麻省理工学院的辛西娅·布雷西亚开发了Kismet，一个可以表达情感的机器人脸。这是人类与机器人在社会情感互动领域的一项开创性工作。

2001年 | 第一台机器人手术：伦敦的外科医生通过3个机械手臂进行前列腺手术。

2001年 | 搜索和救援机器人，如iRobot公司的远程控制机器人派克波特，用于纽约世贸中心大楼恐怖袭击后的废墟——"归零地"。

2002年 | iRobot开始销售扫地机器人"鲁姆巴"。这是迄今为止最成功的机器人。

2002年 | 在阿富汗首次使用军用机器人派克波特。

2004年 | 第一届DARPA大挑战，一场机器人汽车的比赛。没有一辆车最终到达终点线。

2004年 | 欧盟RobotCub项目启动：1米高的人形机器人iCub建造成为人类认知和人工智能研究的测试平台。iCub就像一个2岁半的蹒跚学步的孩子，能看、能听，还能做一些高级的动作。

2005年 | 在塞巴斯蒂安·特伦的领导下，斯坦福赛车队的机器人汽车"斯坦利"（Stanley）赢得了第二届DARPA大挑战。23辆参赛车中的5辆在行驶了212公里后到达了终点线。

2005年 | 美国康奈尔大学的胡迪·利普森用积木制造了一种简单自我复制的机器人。

2006年 | 法国阿鲁迪巴机器人公司（Aldebaran Robotics）制造了一款交互式、可编程、可伸缩的类人机器人Nao，这是一款用于研究和教育的理想机器人。

2010—2017年 科幻

2012年，机器人（《机器人与弗兰克》，杰克·施莱尔）

——电影　　　　　上了年纪的前罪犯弗兰克得到了一个护理机器人，他简单地称之为"机器人"。弗兰克一开始对机器人心存怀疑，但渐渐地对它产生了好感，并利用它完成了最后一次珠宝劫案。

2012年，Hubots（《真实的人类》）

——电视连续剧　　人类与各种各样的Hubots和谐相处，它们是和人类几乎没有区别的机器人。当Hubots开始在社会上被平等接受，一小部分人组成了反对机器人和机器人权利的政党。

2014年，大白（《超能陆战队》，唐·霍尔、克里斯·威廉姆斯）

——电影　　　　　小男孩小宏和他的哥哥泰迪制造了机器人，包括机器人集群和大型婴儿护理机器人大白。

2014年，塔斯和凯斯（《星际穿越》，克里斯托弗·诺兰）

——电影　　　　　塔斯和凯斯是智能机器人助手，他们正在进行一场秘密的太空探险，前往遥远的星系寻找可居住的行星。

2015年，BB-8（《星球大战：原力觉醒》，J.J.艾布拉姆斯）

——电影　　　　　在制作了第一部《星球大战》电影近40年后，标志性的机器人R2-D2和C-3PO迎来了一位新伙伴：白色和橙色相间的BB-8。BB-8外形呈球状，有一个半球形的头。

2015年，艾娃（《机械姬》，亚历克斯·嘉兰）

——电影　　　　　富有的内森邀请迦勒到他偏远的庄园住一周。在这一周的时间里，迦勒和内森制造的美丽机器人艾娃开始了恋情。一场冲突爆发于艾娃、迦勒和内森之间。

2010—2017年 现实

2012年   谷歌展示第一款无人驾驶汽车：谷歌汽车。

2015年   机器人佩珀进入市场：这是一个互动的人形机器人，可以通过声音和手势交流。一些公司用佩珀来欢迎客人。

2016年   无人驾驶汽车造成的第一起致命事故由特斯拉Model S汽车造成。

2016年   美国达拉斯警察局使用一个有跟踪功能的"炸弹机器人"杀死了一名开枪者，此人刚刚杀害了5名警察。

2016年   阿姆斯特丹大学的古斯蒂·艾本让两个机器人"交配"，用3D打印机产下了世界上第一个机器人宝宝，证明了机器人是有繁殖能力的。

2016年   美国哈佛大学的研究人员开发了一种1.5厘米长的生物杂交机器鳐鱼。机器鳐鱼可以利用硅体游泳，这个硅体以活老鼠心脏的细胞作为肌肉。

2017年   汽车制造商特斯拉推出了特斯拉。特拉斯Model 3是一款经济实惠的电动汽车，配备了未来自动驾驶所需的一切设备：7个摄像头、1个雷达、9个距离传感器和1台电脑。

01

02

07

08

图 T

产品经理：刘小旋
视觉统筹：马仕睿 @typo_d
印制统筹：赵路江
美术编辑：程 阁
版权统筹：李晓苏
营销统筹：好同学

豆瓣 / 微博 / 小红书 / 公众号
搜索「轻读文库」

mail@qingduwenku.com